초등 1학년,
수학을 잡아야
공부가 잡힌다

공부머리를 키우는 우리 아이 첫 수학 공부

초등 1학년, 수학을 잡아야 공부가 잡힌다

위즈덤하우스

4장 ●● 초등 1학년이 꼭 알아야 할 수학 개념 원리

5장 •• 초등 1학년 수학 단원별 미리 보기

6장 •• 초등 1학년 수학 공부법

7장 • • 초등 1학년을 위한 수학 놀이

아이들의 가슴 위에 새겨진
'수학'이라는 주홍글씨

초등학교 1학년 아이들을 가르치다 보면 잘 잊히지 않는 장면이 있다. 바로 아이들의 초등학교 입학식 장면이다. 특히 '내 아이가 잘할 수 있을까?'라는 표정으로 아이를 바라보는 부모들의 모습은 긴 여운을 남기곤 한다. 부모들의 바람은 크게 두 가지다. 친구들과 사이좋게 잘 지내는 것과 공부를 잘하는 것이다. 특히 공부 부분에서 가장 중요한 것은 '책읽기'와 '수학'이다. 이 두 가지가 되지 않으면 절대 공부 잘하는 그룹에 속할 수가 없다. 특히 고학년으로 갈수록 수학은 공부를 잘하는 학생과 못하는 학생을 가르는 '가름 과목'이 된다.

고학년으로 갈수록 수학이 중요해지다 보니 아이뿐만 아니라 학부모들도 수학에 대한 스트레스가 점점 심해진다. 2013년 7월 교육시민단체 '사교육걱정없는세상'이 학부모 1,009명을 대상으로 '수학에 대한 학부모 의식 조사'를 시행한 결과, 99%가 '우리나라 학생들이 수학으로 인해 고통받고 있다'라고 대답했다. 그중 '매우 고통받고 있다'는 71%, '고통받는 편이다'는 28%였다. 고통받는 이유로는 '배워야 할 내용이 많아서(59%, 이하 복수 응답)', '내용이 어려워서(57%)', '학원 선행 학습으로 학생들의 자기 주도 학습 능력이 떨어져서(41%)' 순으로 답변이 이어졌다. 솔직히 어쩌다가 수학이 이 지경에 이르렀는지 모르겠다. 무려 99%의 학부모가 수학으로 인해 자녀가 고통을 받는다고 생각한다니 말이다. 이미 수학에 짓눌릴 대로 짓눌려진 아이들의 고통은 두말할 필요조차 없을 것이다.

19세기 미국 문학의 걸작으로 손꼽히는 나다니엘 호손(Nathaniel Hawthorne)의 『주홍글씨(The Scarlet Letter)』에서는 여자 주인공이 간통한 벌로 공개된 장소에서 글자 'A(Adultery, 간통)'를 가슴에 단 채 일생을 살라는 형을 선고 받는다. 이 작품으로 인해 주홍글씨는 수치, 정죄, 낙인의 대명사가 되었다. 그런데 웬일인지 우리 아이들 가슴에도 이러한 주홍글씨가 새겨져 있다. 바로 'M(Mathematics, 수학)'이다. 행복해야 할 아이들이 수학 때문에 공부 못하는 아이로 낙인찍힌다.

누가 우리 아이들의 가슴에 'M'이라는 주홍글씨를 새긴 것일까? 가장 먼저 부모들이 흐릿하게 새겼을 것이고, 교사들이 그 위에 덧칠을 했을 것이며, 학원이나 학습지 교사들이 마무리를 한답시고 가장자리에 수를 놓았을 것이다. 참으로 안타까운 현실이다. 주홍글씨는 한번 새겨지면 평생 지워지지 않는다. 어떤 이유에서든지 일단 수학이 싫어지기 시작하면 걷잡을 수 없다. 싫으면 쉬운 것도 어려워지며, 하는 것도 괴로워진다. 지금 우리 아이들이 딱 이런 상황이다.

아이들 가슴에 '수학'이라는 주홍글씨가 새겨지지 않게 하려면 그 무엇보다 첫 단추를 잘 꿰어야 한다. 수학의 첫 단추는 바로 초등학교 수학이며, 그중에서도 1학년 수학이다. 초등학교 수학은 수학이라는 드넓은 세계에 발을 들여놓는 입문 과정이다. 이때 첫발을 잘못 내딛으면 영영 갈 길을 잃어버린 채 방황할 수밖에 없다. 그러니 이 시기에는 여러 가지 수학적 활동과 직관적 사고로 수학의 다양성을 경험하는 데 집중해야 한다. 땅따먹기 놀이로 넓이의 비교를 배울 수 있으며, 주사위를 굴리면서 확률 감각을 높일 수 있다. 퍼즐 맞추기를 하면서는 도형과 조금 더 친숙해질 수 있으며, 쌓기 나무나 블록 놀이를 통해서는 공간 감각을 기를 수 있다. 이와 같은 활동은 직관적 사고를 발달시킬 뿐만 아니라 수학을 좋아하게끔 만들어준다. 하지만 현실은 전혀 그렇지 않다. 지나친 선행 학습이나 문제 풀이로 얼룩져 수학 공부 기형아들을 탄생시키는 것이 오늘날 수학 교육의 모습이다.

푸른 꿈을 안고 배움의 길에 들어선 초등학교 1학년 아이들의 부모들이 수학에 대한 바른 식견과 판단력을 지닌다면 우리 아이들의 가슴에 '수학'이라는 주홍글씨는 새겨지지 않을 것이다. 이 책은 이처럼 간절한 소망을 품고 세상에 나왔다. 이 책을 통해 우리나라의 수많은 학부모들이 수학에 대한 바른 식견과 판단력을 지니게 되기를 기대해본다. 더불어 수학에 대한 준비는 일찍부터 하되, 아이의 수학적 재능에 대한 판단은 최대한 유보하고 인내심 있게 기다려주는 지혜로운 부모가 되기를 바란다.

2019년 가을
송재환

초등 1학년 수학이
중요한 이유

언젠가 1학년 아이들에게 수학에 대한 느낌을 말해보라고 한 적이 있다. 한 아이가 기다렸다는 듯이 "엄마를 잔소리꾼으로 만들어요"라고 말했다. 무슨 잔소리를 하느냐고 되물었더니 "빨리 안 할래?", "제발 집중 좀 해라", "넌 누굴 닮아서 그렇게 수학을 못하니?"와 같은 말이라고 했다. 잠자코 이야기를 듣고 있던 또 다른 아이가 이렇게 덧붙였다. "저희 엄마는요, 만날 '자~알 한다!'라고 해요."

수학은 아이들이 어릴 때부터 단연 잔소리를 많이 듣는 과목이 아닐까 싶다. 그래서인지 학년이 올라갈수록 수학에 대한 감정이 썩 좋지 않은 아이들이 점점 늘어난다. 고학년 아이들은 "수학은 악마 같아요", "수학은 좀비 같아요", "수학은 죽음의 과목이에요"라는 말을 서슴없이 내뱉는다. 개중에는 수학을 만든 사람이 누구냐며 수학 없는 세상에서 사는 게 소원이라는 아이들도 있다. 이른바 '수학 혐오증'이 이만저만이 아니다. 아이들의 이런 푸념을 무방비 상태로 듣는 '수학' 또한 억울할 것이다. 본인은 그렇게까지 나쁘거나 못된 존재가 아닌데 어쩌다가 아이들의 '공공의 적'이 되어버렸으니 말이다.

왜 이렇게 된 걸까? 수학에 첫발을 잘못 들여놓았기 때문이다. 처음으로 수학을 배우기 시작하는 초등학교 1학년 때 첫 단추가 엉망으로 꿰어진 것이다. 첫 단추의 상황이 이러하니 그 이후에도 제대로 끼워질 리 만무하다. 수학의 진정한 시작이라고 할 수 있는 초등학교 1학년 수학의 중요성을 제대로 파악하는 일만이 성공적인 수학 공부의 첫걸음임을 반드시 기억해야 한다.

01

초등 공부, 책읽기로 시작해 수학으로 방점을 찍어라

누군가 필자에게 초등학교 공부에서 가장 중요한 것을 꼽으라면 서슴없이 '책읽기'라고 할 것이다. 그다음으로 중요한 것을 꼽으라면 의심의 여지없이 '수학'을 선택할 것이다. 책읽기가 기초 공사라면 수학은 대들보와 같다.

'초등학교 공부'라는 멋진 건물을 짓는다고 가정해보자. 가장 먼저 기초 공사를 해야 할 것이다. 만약 기초 공사를 제대로 하지 않는다면 말 그대로 모래 위의 집이 되어 맥없이 무너지고 말기 때문이다. 초등학교 공부에서 이러한 기초 공사에 해당하는 것이 바로 '책읽기'다. 책읽기가 되어 있지 않으면 공부는 이미 물 건너갔다고 보아도 과언은 아닐 것이다.

기초 공사가 마무리되면 주춧돌을 놓고 뼈대를 세워야 한다. 그중에서 대들보는 가장 중요하며 건물의 핵심이다. 대들보는 건물의 모든 하중을 견뎌내야 하기 때문에 당연히 튼튼해야 한다. 이렇게 중요한 대들보가 부실하거나 흔들린다면 건물은 제대로 설 수조차 없을 것이다. 초등학교 공부에서 대들보와 같은 역할을 담당하는 과목이 바로 '수학'이다. 수학이 흔들리면 아무리 다른 과목을 잘한다 해도 어딘가 부족해 보이는 게 현실이다.

다른 과목에 비해 유난히 수학을 못하는 아이들이 있다. 특히 여자 아이들이 그렇다. 국어나 영어는 곧잘 하는데 이상하게 수학을 못한다. 하지만 반대로 수학을 잘하는 아이들 중에서 국어나 영어를 못하는 아이들은 거의 찾아보기 힘들다. 수학을 잘하는 아이들은 국어나 영어도 최소한 보통 이상은 한다. 도대체 왜 그런 것일까? 수학이 과목의 위계상 가장 꼭대기에 있기 때문이다.

굳이 과목의 계급을 따지자면 수학은 가장 높은 계급에 속해 있다. 사실 국어나 영어는 기본적으로 어휘력이나 이해력이 뒷받침되면 어느 정도 잘할 수 있다. 다른 과목 역시 마찬가지다. 하지만 수학은 어휘력이나 이해력뿐만 아니라 수리력이나 논리력과 같은 추가적인 능력을 요구한다. 이런 이유로 수학을 잘하는 아이는 대개 국어나 영어도 잘하지만, 그 역이 항상 성립하지는 않는 것이다. 그러므로 아이에게 책읽기 습관을 잘 들여놨다면 그다음에는 만사를 제쳐놓고서라도 수학으로 관심을 돌려야 한다.

책읽기로 시작해서 수학으로 방점을 찍는 것이 바로 초등 공부이다. 비단 초등 공부뿐이겠는가? 중고등학교 공부도 마찬가지가 아닐까 싶다. 더 나아가 수능 시험에서 상위권과 하위권을 가르는 과목은 다름 아닌 수학이다. 수학을 잘하는 아이들은 상위권에 안착할 수 있지만 다른 과목을 아무리 잘해도 수학을 못하는 아이들은 상위권에 진입하기가 좀처럼 어려운 게 현실이다. 수학은 상위권과 하위권을 가르는 가름 과목이라 할 수 있다.

이처럼 중요한 책읽기와 수학을 처음으로 배우는 시기가 바로 초등학교 1학년이다. 책읽기는 습관을 들이기가 비교적 수월하다. 책을 자주 접하다 보면 어느새 독서인이 된다. 부모가 책을 읽으면 아이 역시 십중팔구 책을 읽게 된다. 하지만 수학은 다르다. 수학 공부 습관을 잘 들이고 실천하게 되기란 황소 뒷걸음질치다가 쥐 잡는 것처럼 가능성이 크지 않다. 그러니 수학적인 안목을 가진 사람이 반드시 앞가림을 해줘야 한다. 그 사람은 다름 아닌 부모다.

초등 1학년, 수학 공부의 습관을 들이는 시기

1학년 중에는 정말 이상하게 연필을 잡는 아이들이 많다. 검지와 중지 사이에 억지로 연필을 끼우는 아이부터 주먹 쥐듯 잡는 아이까지 그야말로 천태만상이다. 이러한 현상은 입학 전부터 너무 어린아이들에게 연필 잡기를 강요하다 보니 빚어진 결과이다. 손가락 힘이 충분히 발달하지 못한 어린아이들이 부모의 강요에 못 이겨 연필을 잡다 보니 처음부터 이상하게 연필을 잡게 되고, 그것이 습관으로 굳어져버린 것이다. 차라리 연필을 전혀 잡아보지 않은 아이들은 교사가 제대로 된 연필 잡는 방법을 가르치기가 쉽다.

수학 공부 습관도 연필 잡기 습관과 비슷하다. 대다수의 아이들이 나름의 수학 공부 습관을 들인 채 입학한다. 제대로 된 습관이라면 환영할 만하지만, 일부 아이들의 습관은 잘못돼도 한참 잘못됐다. 이런 아이들의 습관을 바로잡기란 여간 고역이 아니다. 아이가 처음 만나는 수학 선생님은 바로 부모이다. 부모가 올바른 방법으로 접근해서 좋은 습관을 들이게 해줬다면 금상첨화일 텐데, 일부 아이들은 오히려 안 배우느니만 못한 상태로 입학을 한다. 참으로 안타까운 현실이다.

찰스 두히그(Charles Duhigg)는 저서 『습관의 힘(The Power of Habit)』에서 '습관이란 어떤 시점에서는 의식적으로 결정하지만 이후엔 생각조차 하지 않으면서도 거의 매일 반복하는 선택'이라고 이야기한다. 습관은 선택의 퇴적물이지만 나중에는 그 선택조차도 습관적으로 하게 되는 것이다. 그러므로 우리가 매일 행하는 일상의 대부분은 의사 결정이 아닌 습관의 결과인 셈이다. 습관 중에서도 가장 중요한 습관을 '핵심 습관'이라고 한다. 핵심 습관이란 개인의 삶이나 조직 활동에서 연쇄 반응을 일으키는 습관으로, 삶의 전반에 걸쳐 엄청난 영향을 미친다. 그렇다면 초등학생들의 공부 습관 중 핵심 습관은 과연 무엇일까? 바로 '책읽기 습관'과 '수학 공부 습관'이다.

책읽기 습관과 수학 공부 습관은 몇 가지 공통점이 있다. 우선 두 습관 모두 습관을 들이기까지 상당한 시간이 걸린다는 점이다. 몇 날 며칠 공을 들인 후, '이제는 습관이 되었겠지' 하고 어느 순간 조금 게을리하면 금세 다시 원위치로 되돌아가버린다. 매일 책을 읽고 수학을 공부하기란 말처럼 쉽지 않다.

또 다른 공통점은 처음 습관을 들일 때 잘 들여야 한다는 것이다. 처음에 습관을 잘못 들이면 나중에 두고두고 바꾸기 어려워진다. 책을 읽을 때 건성으로 읽는 아이들이 있다. 처음에 책읽기를 시작할 때 무조건 빨리, 그리고 많이 읽기만 하는 잘못된 습관을 들인 탓이다. 이런 아이들은 나중에 정독을 매우 어려워하고 답답해한다. 수학도 별반 다르지 않다. 1학년 수학 시간에 아이들에게 문제를 내주고 풀어보라고 하면 일부는 "선생님, 문제 또 풀어야 해요? 지겨운데…"라고 말한다. 집에서 하도 문제를 풀고 또 풀다 보니 아이의 뇌리 속에 '수학=문제 풀이'라는 공식이 성립된 탓이다. 처음부터 잘못돼도 한참 잘못된 공부 방식으로 인해 수학에 대한 안 좋은 편견이 형성된 것이다.

수학 공부는 매일 조금씩 해야 한다. 또한 개념 원리를 철저하게 이해해야 한다. 뿐만 아니라 초등 1학년 수학은 '문제 풀이 수학'이 아닌 활동 위주의 '놀이 수학'으로 배워야 한다. 이런 기본 원칙조차 제대로 지키지 않으면서 수학을 잘하고 싶다는 건 수학을 너무 만만하게 본 것이다. 아이들의 잘못된 수학 공부 습관을 들여다보면 그 원인의 대부분은 부모의 조급함에 있다. 부모가 조급해하면 할수록 수재는 둔재가 되며, 둔재는 바보가 된다. 이는 필연적인 결과다.

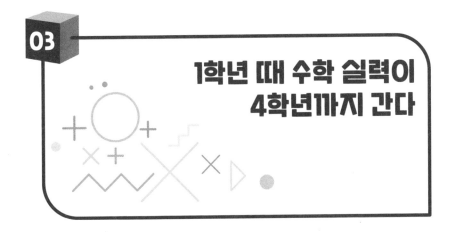

1학년 때 수학 실력이 4학년까지 간다

보통 수학을 '체인 과목(Chain Subject)'이라고 부른다. 수학은 이전에 배운 내용을 제대로 알지 못하면 지금 배우는 내용을 이해하기가 어렵기 때문이다. 이런 특성으로 인해 수학은 초등학교 6년 내내 중요하다. 그중에서도 분수령이 되는 시기인 1학년과 5학년은 특히 더 중요하다고 할 수 있다.

1학년 수학의 내용은 굉장히 쉬워 겉으로는 별것 아닌 것처럼 보이지만 실상은 이후의 수학을 위한 아주 중요한 기초 공사나 다름없다. 어떤 건물이든지 기초 공사보다 더 중요한 과정은 있을 수 없다. 기초 공사를 어떻게 하느냐에 따라 건물의 내구성 및 얼마나 높이 올릴 수 있을지가 결정된다.

1학년 1학기 수학 시간에 배우는 '7+5'와 같은 '한 자리 수+한 자리 수'를 생각해보자. 너무나 쉬워 별 볼일 없어 보이지만 이 과정이 원활하게 잘 이뤄지면 추후 자연수의 덧셈에서 문제가 생길 일이 없다. 수가 점점 커진다 하더라도 자릿수만 늘어날 뿐이지 덧셈의 원리가 바뀌진 않기 때문이다. 만약 이 부분을 제대로 이해하지 못한 채로 넘어간다면 이후에 아무리 두 자리 수 덧셈을 배우고 세 자리 수 덧셈을 배운다 한들 모래 위에 건물을 짓는 격일 것이다.

이처럼 초등학교 1학년 때 배우는 수학은 이후의 수학에 많은 영향을 끼친다. 1학년 때 배우는 1부터 100까지의 수와 이를 활용한 덧셈과 뺄셈은 이후에 배우는 덧셈과 뺄셈의 기초가 된다. 게다가 덧셈은 2학년 때 배우는 곱셈의 기본 개념이 되며, 뺄셈은 3학년 때 배우는 나눗셈의 기본 개념이 되기 때문에 1학년 수학의 중요성은 결코 간과할 수가 없다.

초등학교 수학은 1~4학년과 5~6학년으로 양분할 수 있다. 이렇게 나누는 이유는 1학년부터 4학년까지는 자연수와 자연수의 사칙 연산을 주로 배우고, 5학년부터 6학년까지는 분수와 분수의 사칙 연산을 주로 배우기 때문이다. 초등학생들이 주로 배우는 수는 자연수와 분수이다. 자연수는 일상생활에서 많이 사용하기 때문에 아이들이 크게 어려워하지 않는다. 하지만 분수는 다르다. 일상생활에서 거의 사용하지 않을 뿐만 아니라 굉장히 추상적인 수이기 때문이다. 여전히 구체적 조작기에 머물러 있는 초등학생들에게 분수란 외계인들이 사용하는 수나 마찬가지다. 초등학생들은 이렇게 어려운 분수를 5학년 때 집중해서 배운다. 이로 인해 바로 5학년에서 이른바 '수포자(수학 포기자)'가 대거 발생하는 것이다.

대다수의 5학년 아이들은 분수의 덧셈과 뺄셈을 굉장히 어려워한다. 최소 공배수를 이용한 통분이나 최대 공약수를 이용한 약분 등을 자유자재로 하지 못하기 때문이다. 이 같은 문제가 발생하는 이유는 자연수의 사칙 연산이 마무리되는 4학년까지의 과정을 제대로 익히지 않아서이다. 4학년까지의 과정을 잘 밟아온 아이라면 5학년의 대부분을 차지하는 분수에서 절대 포기하지 않는다. 그러므로 1학년 때 기초를 잘 잡으면 4학년까지 잘 갈 수 있다. 그리고 4학년까지 잘 마친 아이는 초등수학의 분수령이 되는 시기인 5학년도 무사히 넘어갈 수 있다. 덧붙이자면 5학년을 잘 보낸 아이는 중학교 2학년까지 큰 무리 없이 갈 수 있다.

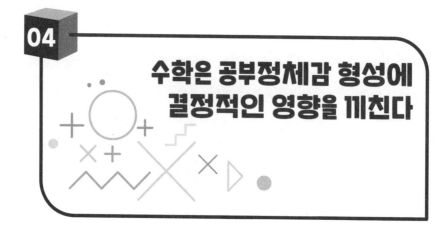

04

수학은 공부정체감 형성에 결정적인 영향을 끼친다

지능 지수가 좀 높다고 해서 공부를 잘할 수 있는 건 아니다. 공부를 잘하려면 좋은 머리인 지력(智力)과 마음의 힘인 심력(心力), 그리고 체력(體力)의 삼박자가 잘 어우러져야 한다. 그뿐만 아니라 자기 조절 능력과 인간관계 능력도 공부에 지대한 영향을 끼친다. 이 중에서 한두 가지라도 결핍되면 제대로 된 공부를 할 수 없다. 공부에서는 특히 심리적인 부분이 크게 작용한다. 자기 스스로 공부를 잘한다고 생각하는지, 아니면 못한다고 생각하는지가 매우 중요하다. 이렇게 자기 스스로 공부를 잘한다고 혹은 못한다고 생각하는 것을 '공부 정체감'이라고 한다.

공부 정체감은 어릴 때는 미미하다가 초등학교에 입학하고 나서부터 점차 생겨난다. 특히 본격적으로 시험을 보기 시작하는 3학년이나 4학년 정도가 되면 아이들은 스스로 공부를 잘하는지, 아니면 못하는지에 대해 서서히 눈을 뜬다. 자기보다 점수가 높은 친구들을 보면서 내가 공부를 잘하는지 혹은 못하는지 분명히 인식하게 되는 것이다. 이처럼 공부 정체감은 주로 시험을 통해 형성된다.

초등학교 때 가장 많이 시험을 보는 과목이 있다면 그것은 바로 수학이다. 학교마다 조금씩 사정은 다르지만 기본적으로 수학 시험에는 중간고사와 기말고사가 있으며, 매 단원이 끝날 때마다 치르는 단원 평가가 있다. 그리고 이따금씩 수학 경시 시험도 있다. 다른 과목은 기껏해야 한 학기에 지필 평가 한두 번이 고작이지만, 수학은 크고 작은 시험을 합쳐 열 번도 넘게 본다. 이와 같이 수학 시험을 빈번하게 보다 보니 아이들의 머릿속에는 그 어떤 과목보다 수학이 중요하다는 생각이 자리할 뿐만 아니라, 수학을 잘하는 아이는 공부를 잘하는 아이라는 공식까지 성립하기 시작한다.

1학년이라고 크게 다르지 않다. 1학년도 다른 과목의 시험은 잘 보지 않지만 수학 시험만큼은 어김없이 본다. 중간고사나 기말고사와 같은 정기적인 시험은 없지만 수학만큼은 한 단원이 끝나면 으레 수학 단원 평가를 치른다. 받아쓰기 시험도 자주 보긴 하지만 비중만 놓고 따지면 받아쓰기 시험은 수학 단원 평가에 비할 바가 아니다. 그러니 당연히 학부모들의 관심이 수학 단원 평가에 쏠릴 수밖에 없다.

수학 단원 평가가 반복될수록 아이도 어렴풋하게나마 수학 시험의 중요성을 깨닫기 시작한다. 그러면서 결과에 집착하는 모습이 서서히 나타난다. 1학년 2학기가 되면 수학 시험을 대하는 아이들의 태도가 확연히 달라진다. 좋은 점수를 받기 위해서 커닝을 하는 아이들도 생겨난다. 또한 초조한 마음으로 채점을 마친 시험지를 언제 나눠주느냐며 선생님을 채근하는 일이 잦아진다. 시험지를 나눠주면 여기저기서 "100점이다!"라는 함성이 들린다. 한편으로는 "난 엄마한테 죽었다"와 같은 탄식도 들려온다. 좋은 점수를 받지 못한 일부 아이들은 울음을 터뜨리기도 한다. 아이들은 이 같은 과정을 반복하면서 자신이 공부를 잘하는 아이인지 못하는 아이인지를 서서히 인지해나간다. 그리고 이러한 깨달음은 학년이 올라갈수록 점점 분명해지고 확실해진다. 그래서 나중에는 좀처럼 무너뜨리기 힘든 견고한 성처럼 아이의 내면에 자리하게 된다. 이렇게 자리 잡은 공부 정체감은 수학뿐만 아니라 다른 과목에 대한 자신감에까지 파급 효과를 미친다.

1학년 수학의 내용은 이후에 배우는 수학의 기초를 다진다는 측면에서 중요하다. 이것이 눈에 보이는 중요한 사실이라면 수학 시험으로 인해 영향을 받는 아이의 공부 정체감은 눈에 보이지 않는 중요한 사실이라고 할 수 있다. 이 세상의 모든 부모들은 잘 알고 있다. 정작 인생에서 중요한 것은 눈에 보이는 것이 아니라 눈에 보이지 않는 것이라는 사실을 말이다.

05
영어보다는
수학을 먼저 잡아라

　몇 년 전까지만 해도 영어 유치원은 이름마저 생소한 곳이었다. 하지만 요즘은 한 반에도 영어 유치원 출신들이 제법 된다. 우리말도 어눌한 아이들이 모여 영어로만 듣고 말하는 일이 얼마나 가능한지 모르겠지만, 지금 이 순간에도 영어 유치원에는 아이들이 몰리고 있다. 하지만 영어 유치원 출신 아이들이 초등학교에 입학하면 그 순간부터 난감한 일이 발생한다. 초등학교 1, 2학년에서는 영어를 배우지 않기 때문이다. 사정이 이렇다 보니 이른바 영어를 '자랑질'할 기회가 거의 없다. 그리고 영어 교과목이 없으니 지금껏 익힌 영어도 금세 까먹어버린다. 영어 몇 마디 구사해보겠다고 들인 돈이 만만치 않은데 난처하기 이를 데 없다. 이런 이유로 영어 유치원 출신 중 대부분은 영어 실력을 유지하기 위해서라도 지속적으로 영어 학원에 다닌다.

이처럼 안타까운 현실을 보면서 필자는 좀 엉뚱한 상상을 해본다. 영어 유치원도 있는데 왜 수학 유치원은 없을까? 많은 부모들이 자녀를 영어 유치원에 보내는 이유는 아마도 다른 아이들보다 빨리 영어를 접하게 해 상대적 우위를 차지함으로써 좋은 대학에 입학시키기 위한 발판을 일찌감치 마련해주고 싶기 때문일 것이다. 정말 그렇다면 영어 유치원보다는 수학 유치원이 좀 더 효과적이지 않을까?

아이들이 수학을 싫어하는 가장 큰 이유는 지나친 문제 풀이 위주의 수업 및 공부 방식 때문이다. 취학 전 아이들도 마찬가지다. 하지만 여기서 시선을 조금만 틀어 수학 공부를 활동이나 놀이 등으로 진행하면 이야기가 전혀 달라진다. 우선 아이들이 무척 좋아한다. 그러나 실제 학교 현장에서 이렇게 수학 수업을 진행하기엔 다소 무리가 따른다. 시간이 오래 걸리기 때문이다. 그런데 만약 수학 유치원이 설립돼 수학의 여러 가지 개념이나 원리를 차근차근 재미있게 놀이나 활동으로 배울 수 있다면 아마도 지금보다는 수학을 좋아하는 아이들이 훨씬 더 늘어날지도 모른다. 그럼에도 불구하고 수학 유치원은 눈을 씻고도 찾아볼 수가 없다. 많은 부모들이 수학보다는 영어가 더 중요하다고 생각하기 때문은 아닐까?

'대학은 수학이 결정하고 대학 이후는 영어가 결정한다'라는 말이 있다. 우리의 현실을 정확히 짚어낸 말이다. 사실 영어는 어릴 적에 조금 못하더라도 자라면서 실력을 채울 수 있는 기회가 많이 있다. 영어 학원을 다닐 수도 있고, 해외로 어학연수를 갈 수도 있다. 조금 과장해서 말하면 영어는 돈으로 해결할 수 있는 과목이기도 하다. 하지만 안타깝게도 수학은 절대 돈으로 해결할 수 있는 과목이 아니다.

유치원 때부터 초등학교 저학년 때까지는 영어 학원을 가장 많이 다니지만, 고학년이 되면 수학 학원으로 바뀐다. 통계청과 여성가족부에서 발표한 '2019년 청소년 통계' 자료를 보면 우리나라 초중고 학생들의 사교육 참여율은 72.8%라고 한다. 초등학생의 사교육 참여율은 무려 82.5%로 가장 높다. 초등학생 10명 중 8명이 사교육을 받는 셈이다. 과목별로 사교육 참여율을 조사한 바에 따르면 수학은 44.2%로 가장 높고 영어(40.9%), 국어(19.9%) 순이다. 영어보다 수학에 대한 부담이 더 크다는 것을 이런 통계 자료를 통해 알 수 있다. 영어에 온통 관심을 쏟는 부모들도 있는데 고학년으로 갈수록 아이의 발목을 잡는 것은 영어가 아닌 수학이다. 이러한 사실을 분명히 알고, 저학년 때부터 수학에 좀 더 많은 관심을 쏟아야 한다. 영어에 쏟는 관심의 절반만이라도 수학에 쏟는다면 지금보다는 훨씬 더 좋은 결과를 얻을 수 있지 않을까?

2장

수학에 대한 부모들의
해묵은 오해와 편견

2학년 아이들을 가르칠 때의 일이다. 한 어머님이 면담에서 "선생님, 저는 우리 애가 수학을 잘할 줄 알았어요"라고 말씀하셨다. 왜 그렇게 생각하시느냐고 물었더니 아이가 초등학교를 입학하기도 전에 이미 구구단을 다 외웠다고 하셨다. 본인은 그 시절 구구단을 외우느라 엄청 애를 먹었던지라 자녀에게 그 고통을 대물림하지 않기 위해 초등학교 입학 전에 구구단을 가르쳤다는 것이다. 그리고 기대 이상으로 잘 외우는 자녀를 보면서 내심 아이가 수학을 잘하겠거니 생각했다고 했다. 그런데 막상 뚜껑을 열어보니 아이도 자기처럼 수학으로 인해 굉장히 스트레스를 받는다고 하면서 도대체 어떻게 해야 할지 모르겠다고 하소연을 했다. 필자는 그 어머님께 이렇게 말했다.

"어머님, 외람된 말씀이지만 구구단을 잘 외우는 아이는 수학을 잘하는 아이가 아니라 음악을 잘하는 아이입니다. 구구단은 노래고, 내용은 노래 가사일 뿐이지요."

사실 많은 부모들이 수학에 대한 해묵은 오해와 편견을 많이 가지고 있다. 그중 대다수는 근거조차 불분명한 이른바 '카더라 통신'에서 시작된 이야기들이다. 이렇게 잘못된 정보를 바탕으로 한 자녀 교육은 결국 그 피해가 고스란히 자녀에게로 돌아간다. 앞서 언급된 아이도 2학년 때 배우는 구구단을 그 뜻도 모른 채 유치원 때 열심히 외웠으니 얼마나 힘들었을까? 의미도 모르고 구구단을 외우면서 아이는 수학을 어떻게 생각했을까? 아마도 '수학 때문에 못 살겠다'라는 생각을 하지 않았을까? 차라리 그 시간에 책을 읽든지 신나게 놀든지 했더라면 얼마나 좋았을까? 아이들의 제대로 된 수학 공부를 위해서는 지금 이 순간까지도 부모들을 지배하고 있는 수학에 대한 해묵은 오해와 편견부터 가장 먼저 불식시켜야 할 것이다.

수학 공부를 하기 전 부모가 반드시 버려야 할 4가지 생각

📝 내가 수학을 못했으니 당연히 아이도 못할 것이다

초등학교 저학년 때까지는 대부분의 부모들이 자녀에게 직접 수학을 가르친다. 이때 부모가 가르치는 것은 내용보다는 수학에 대한 태도이다. 부모가 무심코 내뱉는 말이나 어떤 행동을 듣고 보면서 아이는 수학에 대한 선입견을 형성해간다. 수학에 대한 아이들의 고정 관념이나 편견은 대개 부모에게서 온다. 평소에 주고받는 대화 속에서 만들어지는 셈이다. 이처럼 수학 학습은 학교 이전에 '가정'이라는 또 다른 학교에서 이미 벌어지고 있다.

여기서 가장 좋지 않은 것 중 하나가 바로 '내가 수학을 못했으니 너도 별 수 없다'라는 생각이다. 이는 굉장히 위험하며 그다지 논리적이

지도 않다. 외국의 한 연구 기관에서 언어, 사회 과학, 수학, 과학 네 가지 분야를 대상으로 부모의 선천적인 능력이 자녀에게 후천적으로 얼마나 큰 영향을 끼치는지 조사해 발표한 적이 있다. 그 결과, 사회와 과학이 부모의 선천적인 능력의 영향을 가장 크게 받았으며, 그다음으로 언어, 과학, 수학 순이었다. 우리의 상식을 깨는 결과이지 않은가? 왜 이런 결과가 나온 것일까? 사실 어찌 보면 당연한 결과이다. 수학은 그 어떤 과목보다 논리적 사고가 바탕이 되어야 한다. 태어날 때부터 선천적으로 논리적 사고를 할 줄 아는 아이는 거의 없다. 논리적 사고는 후천적으로 배우고 습득하는 것이다. 그러니 우리가 보통 생각하는 것처럼 부모의 수학 실력은 결코 자녀에게 대물림되지 않는다. 부모의 '수학관'만이 대물림될 뿐이다. 이쯤에서 분명히 자문자답해볼 필요가 있다.

"나는 자녀에게 어떤 수학관을 대물림해주고 있는 것일까?"

✏️ 수학은 현실과는 전혀 별개인 이른바 '따로 국밥'이다

아이들뿐만 아니라 부모들조차도 수학을 도대체 왜 배우는지 모르겠다며 하소연한다. 돈 계산이나 할 수 있으면 됐지, 왜 그렇게 복잡한 수학을 모두가 배워야 하는지 이해가 안 된다는 것이다. 이는 일면 맞는 말이기도 하지만 틀린 말이기도 하다. 빙산의 일각만 보고 하는 말이기 때문이다.

우리가 수학을 배우는 목적은 문제를 잘 풀기 위해서가 아니다. 여러 가지 과정을 통해 '수학적 사고력'을 기르기 위해서다. 수학적 사고력이란 말 그대로 '수학적으로 사고하는 힘'이며, 이는 스스로 개념이나 원리를 찾아낼 수 있는 능력을 의미한다. 수학을 제대로 배워 수학적 사고력을 갖춘 사람은 어떤 문제와 직면했을 때, 가장 먼저 문제를 정확히 이해하기 위해 애쓴다. 그리고 문제에서 주어진 조건들을 꼼꼼히 따지고 검토한 다음, 가장 최적의 방법을 선택해 문제를 해결한다. 이런 과정을 거친다면 현실 속에서 해결하지 못할 문제가 과연 몇 가지나 될까.

따지고 보면 일상생활의 많은 것들이 수학과 관련되어 있다. 오늘 하루 동안의 계획을 세우는 일도 일종의 수학이라고 할 수 있다. 또한 자신이 해야 할 일과 그렇지 않은 일을 구별하는 것도 수학이라 할 수 있다. 어디 이뿐이겠는가? 어떤 문제를 끝까지 물고 늘어지는 끈기가 수학을 통해 길러진다고 한다면 너무나 억지스러운 주장일까? '수학은 엉덩이로 한다'라는 말처럼 수학 공부는 엄청난 성실성을 요구하는데, 수학을 통해 성실성을 키울 수 있다고 한다면 지나친 비약일까? 수학은 논리를 바탕으로 전개되기 때문에 엉뚱한 결과가 나왔을 때 빨리 잘못을 인정하고 시인하는 태도를 배울 수 있다고 한다면 지나친 수학 예찬일까?

수학은 현실과 따로 노는 '따로 국밥'이라기보다는 현실 곳곳에 녹아 있는 '섞어찌개'와 같다. 너무 섞여 있어 어떤 것이 현실이고, 어떤 것이 수학인지 쉽게 분간을 못할 뿐이다. 수학에 대한 편견을 따로 국밥에서 섞어찌개로 바꾸는 순간, 수학에 대한 생각은 비로소 조금 더 친근하게 변할 수 있을 것이다.

✏️ 수학은 무조건 논리적이어야 한다

저학년 아이들이 수학 시험을 볼 때 가장 힘들어하는 이유 중 하나는 바로 풀이 과정을 반드시 써야 하는 문제가 있기 때문이다. 시험지를 채점하다 보면 풀이 과정에 '그냥', '계산하니까', '그렇게 생각하니까'와 같은 답변들이 심심찮게 눈에 띈다. 채점자는 어이가 없어 잠시 즐겁지만(?), 그런 답변을 쓴 아이 입장에서는 얼마나 답답했을까 하는 생각도 든다. 뭐라도 써야 하는데 딱히 쓸 말은 없으니 말이다. 사실 아이들은 이런 말을 가장 쓰고 싶었을 것이다.

"그냥요. 딱 보니까 알겠던데요."

아이들에게 수학 문제를 풀라고 하면 위와 같은 말을 많이 한다. 아이들이 이렇게 말하는 이유는 이른바 '직관'이 발달했기 때문이다. 직관은 어떤 문제를 애서 분석하지 않고도 한눈에 답을 알아내는 능력이다. 저학년 아이들의 경우 논리력보다는 직관력이 훨씬 더 우세하다. 이런 아이들에게 너무 분석적이고 논리적인 것을 강조하다 보면 아이의 직관력이 손상될 우려가 있다. 물론 고학년으로 갈수록 풀이 과정역시 점차 논리적으로 변해야 한다. 하지만 저학년, 특히 1학년 아이들에게 분석적이면서 논리적인 답변을 채근하는 일은 별로 좋지 않은 결과를 낳는다. 그저 논리적인 사고를 시나브로 키워나갈 수 있도록 배려해주는 것이 좋다. "넌 어떻게 생각하는데?", "왜?", "어떻게 될까?" 등과 같은 질문은 아이의 논리적인 사고를 키워주고, 수학적 사고를 형성하는 데 아주 좋은 언어 습관이라 할 수 있다.

✏️ 수학은 타고난 재능이 있어야 한다

수학 실력을 재능과 결부시키는 사람이 많다. 물론 일정 부분은 사실이기도 하지만 결코 재능이 수학 실력을 결정하진 않는다. 오히려 '재능'보다는 '자신감'이 더 많은 영향을 끼친다. 특히 여자아이들 중에는 '여자는 남자보다 수학을 못한다'라는 속설에 갇혀 있는 경우가 종종 있다. 이런 아이들은 재능이 없어 수학을 못하는 것이 아니다. 속설에 갇혀 자신감을 상실했기 때문이다.

수학의 노벨상이라 불리는 '필즈상(Fields Medal)'이 있다. 4년마다 전세계 수학자들 중 가장 큰 공적을 남긴 사람에게 주는 상이다. 이 상은 세계수학자대회(International Congress of Mathematicians, IMC)에서 수여하는데, 40세가 넘으면 아무리 뛰어난 공로가 있어도 받지 못한다. 우리나라에서 개최해 더 화제였던 2014 서울세계수학자대회에서 필즈상을 수상한 사람은 마리암 미르자카니(Maryam Mirzakhani)라는 여성이었다. 역사상 최초의 여성 수상자인 그녀가 수상 소감에서 한 말이 긴 여운을 남긴다.

"어릴 때 스스로 수학을 못한다고 생각해 수학 공부를 포기하려고 한 적이 있다. 10대에게 가장 중요한 것은 수학적 재능이 아니라 자신감이다."

마리암 마르자카니는 수학을 잘한다는 칭찬을 받지 못해 수학에 자신감이 없었지만 중학교 때 만난 선생님이 칭찬을 많이 해줘서 자신감을 회복하고 수학에 흥미를 가질 수 있었다고 말한다. 마리암 마르자카니처럼 아무리 타고난 재능이 우수하더라도 자신감을 상실하면 수학 포기자가 될 수도 있다는 사실을 알아야 한다. 수학은 타고난 재능보다는 부모의 말 한마디가 더 큰 위력을 발휘할 수 있는 것이다.

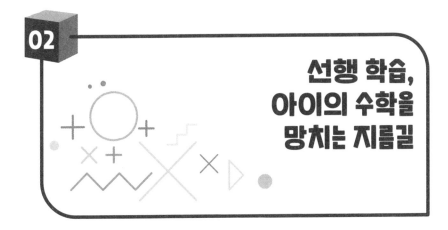

선행 학습, 아이의 수학을 망치는 지름길

『맹자(孟子)』「공손추(公孫丑)」에 보면 어리석은 농부 이야기가 나온다.

송나라 사람 중에 곡식의 싹이 자라지 않는 것을 안타깝게 여겨 싹을 뽑아 올려준 농부가 있었다. 그는 피로한 기색으로 집으로 돌아와 가족들에게 "오늘은 참으로 힘들었다. 내가 싹이 자라는 것을 도와주었다"라고 말했다. 깜짝 놀란 그의 아들이 달려가 보니 싹이 이미 시들어버렸다.

이 이야기에서 비롯된 고사성어가 바로 '발묘조장(拔苗助長, 싹을 뽑아 자라는 것을 도와준다)'이다. 오로지 결과에만 집착해 성급하게 무엇인가를 이루려다 오히려 일을 망치고 마는 경우를 빗댄 것이라 할 수 있다. 이 야말로 이 시대를 살아가는 부모들이 마음속에 한 번쯤은 꼭 새겨야 할 말이 아닌가 싶다.

수학 공부에 있어서도 이렇게 하는 부모들을 심심찮게 찾아볼 수 있다. 자녀를 기다릴 줄 모르고 한없이 조급해하는 부모들이다. 대표적인 경우가 지나친 선행 학습을 시키는 것이다. 선행 학습은 급하게 서두르다 오히려 일을 망치는 경우나 다름없다. 수학을 조금 더 잘하게 도와주려다 수학의 싹조차 뽑아버리는 꼴이 꼭 닮아서이다.

한 통계에 따르면 우리나라 아이들은 2학년 수학 실력으로 초등학교에 입학해서 5학년 수학 실력으로 졸업한다는 결과가 있다. 초등학교 6년 동안 열심히 수학을 배우긴 하지만 정작 실력은 4년 분량밖에 늘어나지 못한 것이다. 초등학교 입학 전부터 부모는 아이에게 열과 성을 다해 수학 선행 학습을 시킨다. 아이는 입학 전인데도 이미 100 정도까지 수를 세거나 읽을 수 있으며, 간단한 덧셈과 뺄셈까지 할 수 있다. 하지만 선행 학습은 그다지 좋은 결말을 맺지 못한다. 왜 그런 것일까? 바로 선행 학습의 맹점 때문이다.

선행 학습은 기본적으로 아이의 발달 단계를 무시한다. 그렇기 때문에 선행 학습을 지속적으로 하다 보면 아이의 발달 수준과 학습해야 할 학습 수준의 부조화로 인해 심하게는 학습 장애까지 일으킬 수 있다. 여기서 이야기하는 학습 장애란 수학을 극도로 싫어하는 아이가 된다는 의미이다. 학습이란 철저히 아이의 발달 수준을 고려해 이뤄져야 한다. 그러니 '선행 학습은 필수다'와 같이 근거 없는 신념은 반드시 버렸으면 좋겠다.

이유식을 먹어야 하는 아이의 손에 갈비를 쥐어주는 어리석은 부모는 없을 것이다. 그런데 학습에서만큼은 이처럼 어처구니없는 일들이 당연하다는 듯 발생하고 있다. 옆집 아이가 갈비를 먹는다고 해서 이유식을 먹어야 하는 내 아이에게도 갈비를 줘야 할까? 시간이 흘러 때가 되면 다 갈비를 맛있게 먹을 수 있다. 억지로 미리 먹게 하려다 보니 배탈이 나고 이가 상하는 것이다. 결국 아이는 갈비에 대한 트라우마가 생기지 않을까?

학년을 넘어서는 지나친 선행 학습은 수학의 원리를 이해하고, 사고하면서 공부하는 습관을 방해한다. 그 대신 유형에 따른 문제 풀이 기술이나 공식 등에 의존하는 기형적인 학습 습관을 길러준다. 이는 결과적으로 아이가 수학을 어려운 과목으로 인식하게 만들며, 사고력 저하의 원인이 된다. 어린아이들일수록 문제 풀이만 주야장천 해대는 공부 방식은 반드시 지양해야 한다. 하지만 안타깝게도 현실 속의 선행 학습 행태를 보면 문제집이나 학습지 풀기가 대부분이다. 이런 행태로는 수학에 대한 흥미 유발이나 사고력 발달은 고사하고 수학에 대한 반감만 증폭시킬 뿐이다.

선행 학습의 또 다른 문제점 중 하나는 아이가 수업 시간에 굉장히 산만해진다는 것이다. 1학년 교실에서 수학 수업을 하다 보면 유독 지루해하는 아이들이 많다. 재미있는 활동 요소가 들어간 내용에서는 잠시 반짝하지만, 개념 원리를 설명하는 내용이 나오면 언제 그랬냐는 듯 전혀 흥미 없는 눈빛으로 돌변한다. 왜냐하면 아이들이 이미 다 수업 내용을 배우고 앉아 있기 때문이다. 많은 부모들이 미리 배운 다음에 수업 시간에 한 번 더 들으면 수학을 훨씬 더 잘할 수 있을 거라고 착각한다. 하지만 이는 부모의 희망사항일 뿐이다. 선행 학습을 한 아이들은 내용을 완전히 다 알지도 못하면서 다 안다고 착각한 나머지 수업을 들으려고 하지 않는다. 그러다 보니 수업 시간에 자연스럽게 산만해지고 친구들과 잡담을 한다. 이런 과정이 반복되다 보면 선생님에게 소위 문제아로 낙인찍히기 십상이다. 선행 학습은 미리 공부했다는 안도감으로 인해 수업에 대한 불안감은 좀 덜 수 있을지 모르겠지만, 수업 집중력은 현격히 떨어진다는 사실을 꼭 기억해야 한다.

한 학기 이상의 선행 학습에 길들여진 아이는 수학의 개념이나 원리에 대한 정확한 이해 없이 무조건적으로 내용을 받아들이게 된다. 이런 아이들의 경우 수학 지식 체계가 '피라미드 구조'가 아닌 '수직 구조'가 되기 쉽다. 수학 지식 체계가 피라미드 구조가 되면 응용문제나 심화문제를 잘 해결할 수 있다. 반면 수직 구조가 되면 이 같은 문제에서 쉽게 무너진다. 예를 들어 덧셈을 충분히 연습하지 않은 1학년 아이가 2학년 과정인 곱셈을 배우면 어떻게 될까? 당연히 곱셈을 제대로 배울 수 없을 뿐만 아니라, 빈약한 실력의 덧셈마저 보다 더 위태로워질 것이다. 곱셈은 덧셈의 기본 개념과 원리를 충분히 이해하고 반복한 다음, 응용문제까지 수월하게 풀 수 있을 정도가 된 후에 배워야 한다. 100% 받아들일 준비가 되지 않은 상태에서의 선행 학습은 아이에게 가장 좋지 않은 학습 극약 처방인 셈이다.

피라미드 구조로 지식을 쌓아나가는 것이 처음에는 더딜 수 있지만 결과적으로는 더 높이 쌓을 수 있다. 수직 구조는 빨리 쌓을 수 있을 언정 높이 쌓는 건 불가능하다. 따라서 지나친 선행 학습은 남들보다

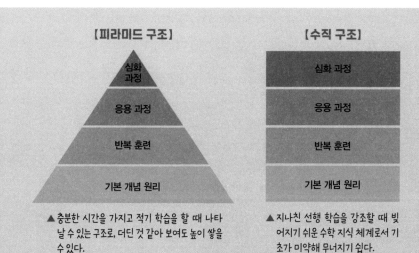

【피라미드 구조】

심화 과정

응용 과정

반복 훈련

기본 개념 원리

▲ 충분한 시간을 가지고 적기 학습을 할 때 나타날 수 있는 구조로, 더딘 것 같아 보여도 높이 쌓을 수 있다.

【수직 구조】

심화 과정

응용 과정

반복 훈련

기본 개념 원리

▲ 지나친 선행 학습을 강조할 때 빚어지기 쉬운 수학 지식 체계로서 기초가 미약해 무너지기 쉽다.

고생만 두 배로 할 뿐, 결국 결과는 비슷하다.

'공부는 머릿속을 채우는 게 아니라 머리를 회전시키는 것이다'라는 프랑스 격언이 있다. 선행 학습은 머리를 회전시키는 것이라기보다는 머릿속을 채우는 행위에 지나지 않는다. 그러니 초등학교 입학 전부터 혹은 1학년 때부터 아이를 수학 학원에 보내며 선행 학습을 한답시고 열을 올릴 필요가 전혀 없다. 초등 1학년 수학은 집에서 하는 것만으로도 충분하다.

가장 어리석은 농부는 풍성한 수확을 한답시고 비료만 계속 주는 농부이다. 기다리지 못하고 발묘조장을 하는 것과 다름없다. 하지만 노련한 농부는 풍성한 수확을 위해 비료를 주고 기다릴 줄 안다. 아이들에게 무분별한 선행 학습을 시키는 부모들이여, 어리석은 농부로 남을 것인가, 지금부터라도 노련한 농부로 변할 것인가. 그 결과는 부모 자신에게 달려 있다.

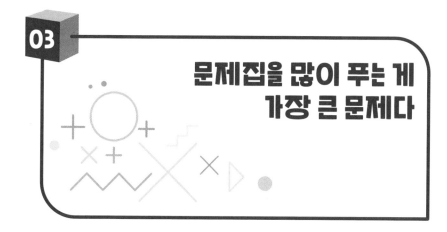

문제집을 많이 푸는 게 가장 큰 문제다

2학년 아이들을 가르칠 때 수학을 썩 잘하는 아이가 있었다. 놀랍게 도 그 아이가 한 학기 동안 푼 문제집은 무려 11권이었다. 어떻게 그렇게나 많은 문제집을 풀 수 있는지 신기했다. 아니나 다를까 이 아이는 하루에 풀어야 할 문제집의 분량이 엄청나게 많았다. 보통 아이들의 서너 배 이상이 되는 분량을 매일 풀어야 했다. 시간이 흘러 이 아이를 6학년 때 다시 가르칠 기회가 있었는데, 안타깝게도 2학년 때만큼 수학 성적이 나오질 않았다. 오랫동안 문제집 풀이 위주로만 공부하다 보니 수학에 대한 흥미가 떨어진 탓이었다.

수학은 분명 누가 다양한 문제를 많이 풀어 보았느냐에 따라 결과가 다르게 나온다. 오죽하면 '수학은 거짓말을 안 하는 과목'이란 말이 나오겠는가? 투자한 시간과 땀만큼 결과가 나오는 과목이다.

하지만 문제를 많이 풀면 좋다는 이 논리를 너무 맹신하는 부모들이 있다. 이 논리에 너무 빠지다 보면 자칫 아이의 수학 실력과 공부 습관에 안 좋은 영향을 줄 수 있다는 사실을 분명히 알아야 한다. 과유불급(過猶不及)이라 했던가? 지나친 것은 미치지 못한 것과 같다. 수학에서도 통용될 수 있는 말이다.

아이에게 수학 문제집을 지나칠 정도로 많이 풀게 하면 문제 풀이 습관이 기계적으로 변하게 된다. 무의미한 반복 학습의 필연적 결과이다. 이러한 반복 학습은 저학년 때는 어느 정도 먹히지만 고학년이 되면 소용없어진다. 학년이 올라갈수록 학습량이 폭발적으로 늘어나기 때문이다. 누구나 쏟아 부을 수 있는 시간과 노력은 한정되어 있다. 한정된 시간과 노력으로 걷잡을 수 없이 늘어나는 다양한 문제 유형들을 다 경험하고 반복하기란 불가능하다. 그러니 철저한 개념 학습을 바탕으로 이해력과 사고력, 그리고 문제 해결력을 키워주는 것만이 정답이다. 더불어 자녀가 수학을 잘하고 좋아하게 하기 위해서는 다음과 같이 사고력을 요하는 문제를 많이 풀어보게 해야 한다.

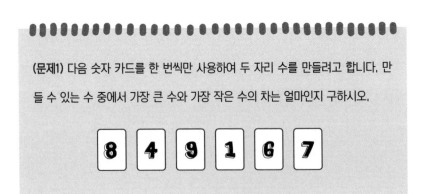

(문제1) 다음 숫자 카드를 한 번씩만 사용하여 두 자리 수를 만들려고 합니다. 만들 수 있는 수 중에서 가장 큰 수와 가장 작은 수의 차는 얼마인지 구하시오.

8 4 9 1 6 7

(문제2) □ 안에 알맞은 숫자를 써넣으시오.

$$
\begin{array}{r}
\square\,9 \\
-\ \square\,3 \\
\hline
1\ 6
\end{array}
$$

앞의 문제는 결국 덧셈과 뺄셈을 할 수 있느냐를 묻고 있지만 보다 차원이 높은 사고력을 요하고 있다. 이와 같은 문제는 읽자마자 곧바로 답을 알아내기 어렵다. 그러므로 문제를 몇 번이고 반복해 읽으면서 사고할 수 있는 환경을 만들어줘야 한다. 하지만 문제집을 많이 풀어야 하는 아이들은 이런 메커니즘이 작동하기 힘들다. 자기에게 할당된 양을 빨리 풀어 정답을 알아내야지만 조금이라도 더 놀 수 있어 문제를 대충대충 풀기 때문이다. 이 같은 문제 풀이 방식으로는 사고력 향상을 당연히 기대할 수 없다.

'무엇을 공부하느냐보다는 어떻게 공부하느냐'가 더 중요하다. 문제집을 공부하는 것도 중요하지만 그 문제집을 어떻게 풀 것인가가 더 중요하다는 뜻이다. 그러므로 아이에게 많은 문제를 풀게 하기보다는 한 문제라도 제대로 풀게 하려는 노력이 더 필요하다. 부모가 욕심을 내려놓는다면 수학 문제집으로 인해 생길 수 있는 많은 문제들도 대부분 해결할 수 있을 것이다.

04

외부 수학 경시대회, 약일까 독일까

한국수학학력평가(KME), 전국수학학력경시대회(성균관대), 초등 수학 창의력 사고력 대회(서울교대), 전국수학학력인증시험(고려대), 전국해법 수학학력평가(천재교육)….

이상은 나름 유명한 외부 수학 경시대회들이다. 대회명에 '수학', '전국' 등과 같은 단어가 여기저기에 붙어 있어 전문가들조차도 뭐가 뭔지 헷갈릴 정도이다. 자녀 교육에 관심 있는 부모들 중 자녀가 수학을 좀 한다고 생각하면 한두 번 정도는 눈길을 두는 대회이기도 하다. 미리 준비하면 좋다고 생각해 저학년 때부터 서두르는 경우도 많다. 주최 측에서 이런 부모들의 마음을 간파했는지 예전만 해도 초등 고학년과 중고등학생 정도만을 대상으로 했는데, 요즘은 초등 1학년부터 대상으로 하는 대회가 점점 늘어나고 있다. 그리고 학년이 낮을수록 더 많은 응시자가 몰리는 현상이 나타나고 있다. 대회당 응시자 수가 적게는 몇만 명부터 많게는 10만 명을 넘기기도 한다. 그만큼 부모들의 관심이 지대하다는 방증이다.

많은 부모들이 자녀를 외부 수학 경시대회에 내보내면 성적이 굉장히 좋아질 것이라고 착각한다. 하지만 실상은 그렇지 않다. 오히려 경시대회로 인해 수학과 영영 결별하는 아이를 만들 수 있다. 처음에 부모들은 가벼운 마음으로 외부 수학 경시대회를 생각한다. 내 아이가 수학을 좀 잘하는 것 같으니 큰 대회에 참가시켜 실력을 보고 싶은 마음 정도이다. 그러나 이는 정말 순진한 생각이다. 막상 대회에 나가 보면 문제의 수준이 현실과는 거리가 멀다는 걸 깨닫는다.

(문제1) 배 2개와 사과 3개의 무게가 같고, 사과 2개와 감 3개의 무게가 같습니다. 양팔 저울의 왼쪽에 배 4개를 올려놓고, 오른쪽에 감 5개를 올려놓았을 때 양쪽의 무게가 같아지려면 오른쪽에 감을 몇 개 더 올려놓아야 합니까? (다만, 같은 과일의 무게는 서로 같습니다.)

(문제2) 진아와 규희는 귤을 6개씩 가지고 있었습니다. 그중에서 각각 몇 개를 먹은 후, 규희가 진아에게 2개를 주었더니 두 사람의 귤의 수가 3개로 같아졌습니다. 진아가 먹은 귤은 몇 개입니까?

위 문제들은 한국수학학력평가(KME) 1학년 기출 문제들이다. 물론 이보다 더 쉬운 문제들도 있지만 이보다 더 어려운 문제들도 있다. 이런 문제를 초등 1학년 아이들이 풀 수 있을까? 다년간 초등 1학년 아이들을 가르쳐본 경험에 의하면 이런 문제를 풀 수 있는 아이들은 반에서는 없고 전교에서 찾아도 있을까 말까이다.

사정이 이렇다 보니 시험장에서 이게 무슨 문제인가 하면서 연필만 굴리다 나오는 아이들도 많다. 선행 학습 없이는 손조차 못 대는 문제가 즐비하다. 특히 문장이해력이 없는 아이들은 문제 이해조차도 못한다. 사정이 이렇다 보니 철저하게 패배의 쓴잔을 들이키기 일쑤이다.

딱 여기서 멈추면 좋은데 많은 엄마들이 오기를 발동한다. 아이의 실패를 인정하고 싶지 않은 마음까지 가세한다. 좀 더 철저한 준비를 위해 학원을 기웃거린다. 학원은 언제나 대환영이다. 수학 경시반에 들어갈 것을 권한다. 하지만 허울뿐인 수학 경시반이지, 문제 풀고 채점하고 또다시 문제 풀고 채점하기를 반복한다. 하루에 한두 시간도 모자라 서너 시간씩 이렇게 진행한다. 이 과정에서 많은 아이들이 수학이라면 진저리를 치는 아이로 전락한다. 물론 경시대회에서 좋은 결과를 얻으면 그나마 조금 위로라도 될 텐데 그런 경우는 미미하다. 경시대회 입상자는 이미 정해져 있으니 말이다. 바로 수학적인 재능을 가지고 태어난 아이들의 몫이다. 나머지는 어찌 보면 그들의 들러리에 불과하다. 대부분의 아이들이 이 사실을 깨닫는 데는 그리 오래 걸리지 않는다. 수많은 초등학생 응시자들에 비해 중학생 응시자는 찾아보기 힘들다. 신기루에 지나지 않는다는 사실을 간파한 것이다.

아이들을 가르치다 보면 정말 수학적인 머리가 번뜩이는 아이들이 있다. 이런 아이들이야말로 외부 수학 경시대회에 참가해 자극을 받는 것이 발전을 위해 바람직하다. 하지만 이런 아이들은 반에서 한 명 있을까 말까 한 정도이다. 아이가 외부 수학 경시대회에 상당한 관심을 가지고 참가를 희망한다면 모르겠지만 부모의 강요에 의해 참가하는 수학 경시대회는 진심으로 말리고 싶다. 사실 외부 수학 경시대회 그 자체는 딱히 좋지도 나쁘지도 않다. 다만 이를 이용하는 사람에 따라서 약이 될 수도, 독이 될 수도 있음을 명심해야 한다.

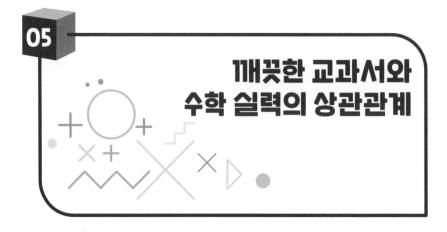

05 깨끗한 교과서와 수학 실력의 상관관계

주변을 살펴보면 수학 문제집은 너덜너덜한데 정작 교과서는 깨끗한 아이들이 많다. 교과서를 학교에서만 들춰보고 집에서는 거들떠보지도 않은 탓이다. 아이들의 이런 태도는 다분히 부모들의 영향이 크다. 교과서보다 문제집을 더 중요하게 여기는 부모들의 태도가 아이에게 부지불식간에 영향을 끼치는 것이다. 모든 과목이 다 그렇겠지만 수학 역시 문제집보다는 교과서를 항상 가까이해야 한다.

교과서 맨 뒷면을 보면 집필진들이 나온다. 평생 동안 열과 성을 다해 수학을 연구한 분들이 대부분이다. 이처럼 최고의 집필진들이 머리를 맞대고 만들어낸 책이 바로 교과서이다. 교과서만큼 집필진의 수준이 높은 책은 없다. 또한 교과서만큼 오랫동안 연구해서 집필된 책도 없다. 그러니 교과서보다 더 훌륭한 책은 존재하기 힘들다.

문제집은 교과서를 모태로 한 주석에 불과하다. 교과서를 나름 해석하고 분석해 내용을 보충하거나 심화했을 뿐이다. 교과서가 원전인 셈이다. 현실이 이러한데도 많은 아이들은 교과서보다 문제집을 더 애지중지한다. 실로 안타까운 일이 아닐 수 없다.

교과서의 가장 큰 장점은 수학적 개념 원리에 충실하게 쓰였다는 사실이다. 교과서에는 상당히 체계적으로 그리고 반복적으로 개념 원리가 굉장히 세세하게 설명되어 있다. 수학을 잘하기 위해서는 그 무엇보다 개념 원리에 충실해야 한다는 것을 누구나 잘 알고 있다. 하지만 개념 원리의 보고라고 할 수 있는 교과서는 아이들에 의해 무시되고 소외되고 있다.

반면 문제집은 개념 원리의 설명 비중이 상대적으로 적은 편이다. 교과서는 단원마다 다양한 자료를 통해 개념 원리를 자세히 설명한다. 하지만 문제집은 철저히 문제 중심이다. 그래서 문제집을 중심으로 공부를 하게 되면 개념 원리는 대충 이해한 채, 문제만 주야장천 풀어대는 잘못된 공부 습관이 생길 수밖에 없다. 문제집을 한 권 더 풀기보다는 그 시간에 교과서를 한 번 더 읽어보라고 권하고 싶다.

수학 교과서를 제대로 활용하기 위해서는 학교에서 나눠준 교과서 외에 집에서 사용하는 교과서를 따로 구입하는 편이 좋다. 부모님들 중에는 문제집은 한 학기에도 몇 권씩 구입하면서 수학 교과서는 따로 구입하라고 하면 아까워하는 분들이 많다. 교과서는 문제집보다 훨씬 저렴하고 알차다. 반드시 교과서를 구입해서 집에서 활용하기를 바란다.

취학 전 아이라면 1학년 1학기 수학 교과서를 미리 구입해서 한 번 훑어보는 것이 가장 좋은 입학 준비라고 생각한다. 그리고 1학년 여름 방학 때는 2학기 교과서를 미리 구입해서 한 번 훑어보는 것이 2학기 수학을 준비하는 가장 현명한 방법이라고 생각한다. 이때 교과서를 보면서 처음부터 문제를 풀려고 하기보다는 이야기책을 읽듯 가벼운 마음으로 읽어봤으면 한다. 두세 번 읽다 보면 어느새 수학의 개념 원리들이 머릿속에 자리하게 될 테니 말이다. 수학의 개념 원리가 머릿속에 자리를 잡으면 저절로 그와 관련된 문제를 풀고 싶어서 몸이 근질근질해진다. 바로 이때 문제를 풀게 하면 효과 만점이다. 여기서 오해하지 말아야 할 것은 학기 시작 전 미리 교과서를 훑어보는 것은 선행 학습과는 엄연히 다르다는 사실이다. 이는 선행 학습이라기보다는 예습이라고 할 수 있다. 곧 배울 내용을 공부하는 예습과 1, 2년 뒤에나 배울 내용을 앞당겨서 공부하는 선행 학습은 반드시 구분할 필요가 있다.

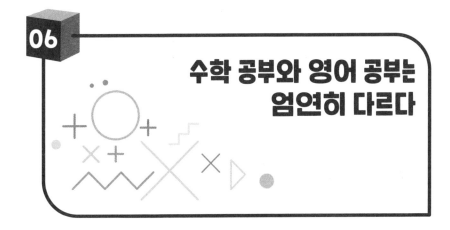

06 수학 공부와 영어 공부는 엄연히 다르다

아이들에게 수학 시험지를 나눠주면 "어? 이 문제 어제 학원에서 배운 문제랑 똑같다!"라면서 좋아하는 경우가 왕왕 있다. 그런데 그렇게 말해놓곤 그 문제를 못 푼다. 왜 이런 현상이 생기는 것일까? 수학을 영어처럼 공부하기 때문이다. 수학 공부와 영어 공부는 엄연히 다르다. 그러므로 당연히 접근 방식을 달리해야 한다.

영어 학원에 다니는 아이와 다니지 않는 아이 중 누가 더 영어를 잘할 확률이 높을까? 대개는 영어 학원에 다니는 아이다. 하지만 오해는 금물이다. 영어 학원에서 잘 가르쳐서 그런 것이 아니다. 영어라는 과목의 특성 때문이다. 영어는 언어이기 때문에 노출되는 시간이 많으면 많을수록 더 잘할 수 있다. 이런 이유로 학교에서만 영어를 공부하고 집에서는 거들떠보지도 않는 아이보다는 학교에서 공부하고 방과 후에 영어 학원에 가서 공부하는 아이가 아무래도 영어를 더 잘할 수밖에 없다.

그렇다면 이 같은 영어 공부의 원리를 수학에도 동일하게 적용할 수 있을까? 학원에서 선행 학습을 하고, 학교에서 수업을 듣고, 마지막으로 과외로 한 번 더 다지면 수학을 더 잘할 수 있는 것일까? 대다수의 부모들은 그렇다고 생각한다. 하지만 결코 그렇지 않다. 수학은 얼마나 많이 반복적으로 들었느냐보다는 스스로 얼마나 공부를 하고 문제를 풀어봤느냐가 실력 향상에 훨씬 더 영향을 많이 끼친다.

영어는 '절대 공부 시간'이 채워져야 하는 과목이지만 수학은 '절대 공부 양'이 채워져야 한다. 앞서도 언급했지만 영어는 어디까지나 언어이기 때문에 잘하기 위해서는 노출되는 시간이 절대적으로 필요하다. 따라서 영어는 노출 현장에 오랜 시간 있는 사람이 유리하다. 하지만 수학은 공부 현장에 오래 앉아 있다고 해서 실력이 늘지 않는다. 수학은 철저하게 본인이 직접 공부하고 문제를 풀어봐야 한다. 적당히 하루 공부 시간을 채운다고 해서 수학 실력이 느는 건 아니다. '매일 1시간씩 수학 공부하기'와 같은 계획으로는 결코 수학을 잘할 수 없다. 차라리 '매일 수학 문제집 2장 풀기'와 같이 목표량을 세우는 편이 효율적이다.

영어는 꾸준히 듣기만 해도 실력이 어느 정도 늘 수 있다. 하지만 수학은 듣기만 해서는 곤란하다. 중고등학교 때를 떠올려 보면 이해하기 쉽다. 수업 시간에 선생님이 설명할 때는 마치 다 안 것처럼 고개를 끄덕이지만, 집에 돌아와 막상 혼자 공부하려고 하면 꽉 막히는 과목이 바로 수학이다. 수학만의 독특한 매력이다. 다시 고심하면서 머리를 몇 번 쥐어뜯으며 문제와 씨름을 해야 한다. 그리고 마침내 문제를 해결했을 때 기쁨에 겨워 "유레카!"를 외친다. 이 같은 지적 희열을 만끽하는 횟수가 잦을수록 수학을 좋아하고 잘하게 된다. 많이 듣기만 하는 수학은 절대로 이런 쾌감을 제공하지 못한다. 직접 머리와 몸으로 '하는 수학'만이 이런 쾌감을 전해줄 수 있다.

고등학교 3학년들조차도 절반 이상이 하루에 한 시간도 스스로 공부하지 않는다는 통계가 있다. 우리 아이들이 얼마나 수학을 보고 듣기만 하는지 잘 알 수 있는 대목이다. 수학은 반드시 스스로 공부하고 문제를 풀어야지만 실력이 향상된다. 영어처럼 보고 듣는 공부 방식으로는 소기의 성과를 거둘 수 없음을 기억해야 한다.

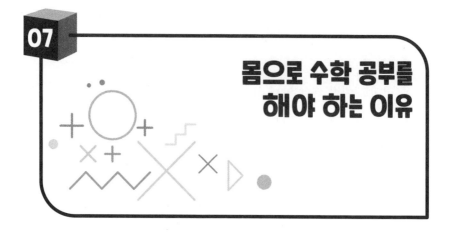

몸으로 수학 공부를 해야 하는 이유

100m와 같은 단거리 달리기는 처음에 1등을 하던 사람이 대부분 1등을 한다. 하지만 장거리 달리기인 마라톤은 그렇지 않다. 1등을 하려면 페이스와 호흡 조절이 반드시 필요하다. 처음부터 오버 페이스해서는 결코 완주할 수 없다. 마라톤을 보면 출발할 때 선두권에 있던 선수들이 10km 즈음 지날 때에선 어디로 갔는지 자취도 없이 사라져버리는 경우가 비일비재하다.

수학도 마찬가지이다. 처음부터 확실히 기선을 제압하기 위해 1등으로 치고 나선다. 그리고 그 자리를 지키기 위해 계속 선행 학습을 한다. 이런 아이들은 대부분 고학년이 되면 숨이 턱밑까지 차오른다. 결국 초등학교를 졸업하기도 전에 쓰러져버리고 만다. 지구력을 키워줄 필요가 있다. 지구력이라고 해서 딱히 특별하진 않다. 그저 수학은 단순한 문제 풀이 과목이 아니라 재미있고 즐거운 과목임을 느끼게 해주면 된다. 가장 좋은 방법은 몸을 마음껏 쓰면서 수학을 배우고 공부하게 하는 것이다. 놀이 수학, 활동 수학, 체험 수학 등은 몸으로 하는 수학을 강조하면서 등장한 것들이다. 특히 초등학교 1, 2학년 때는 이 원칙이 철칙처럼 지켜져야 한다.

하지만 현실은 그렇지 않아 안타까울 때가 많다. 예전이나 지금이나 수학을 배우거나 공부하는 방식은 거의 차이가 없는 듯하다. 놀이 수학, 활동 수학은 고사하고 간단한 손가락셈조차도 못하게 막는 부모들을 심심찮게 볼 수 있다. 언젠가 1학년 아이들에게 연산 훈련을 시키는데 한 남자아이가 손가락을 책상 밑에 숨기고 손가락셈을 하는 것이었다. 왜 그렇게 하느냐고 물었더니 아이는 "손가락을 쓰면 엄마한테 혼나는데 선생님한테도 혼날까 봐요"라고 대답했다. 나중에 이 아이 엄마에게 왜 그랬냐고 물었더니 "손가락을 못 쓰게 해야 암산 능력이 좋아진다고 해서요"라고 말하는 것이었다. 누가 이런 잘못된 정보를 흘리는지 모르겠지만 정말 안타깝기 그지없었다.

피아제(Piaget)의 인지 발달 이론에 의하면 대부분의 초등학생들은 '구체적 조작기(Concrete Operational Stage)'에 있다. 보통 7세부터 11세까지의 아이들이 구체적 조작기에 해당한다. 이 시기의 아이들은 어떤 문제 상황에 놓였을 때 자신의 과거 조작 경험을 바탕으로 해결하는 경향성을 지니며, 보이는 현상에만 국한하고 구체적 현실 세계에 한해서만 사고를 전개한다. 물론 대부분의 1학년 아이들이 이 시기에 해당하지만 여전히 '전조작기(Pre-operational Stage)'에 머물러 있는 아이들도 상당하다. 예를 들어 거꾸로 생각하는 가역(可逆)적 사고가 안 된다든지, 사물에게도 생명이 있다고 믿는 물활론적 사고를 한다든지, 지극히 자기중심적인 사고를 못 벗어난다든지 하는 아이들이 1학년 중에는 많다. 구체적 조작기에도 도달하지 못한 이런 아이들에게 손가락조차 쓰지 못하게 하는 것은 손발을 다 묶어놓고 뛰라는 것과 다름없다.

구체적 조작을 많이 해본 아이가 추상적 사고도 잘할 수 있다. 손가락셈과 같은 구체적 조작을 충분히 해본 아이가 나중에 암산과 같은 형식적 조작도 잘할 수 있는 법이다. 블록 놀이를 많이 해본 아이가 규칙 찾기를 잘한다든지, 종이 접기를 많이 해본 아이가 도형을 잘 이해한다든지 하는 것은 구체적 조작이 형식적 조작에 큰 영향을 끼친다는 사실에 대한 중요한 방증이 될 것이다. 그러니 아이가 수학을 공부할 때 몸을 쓴다면 무조건 말리고 볼 일이 아니라 천천히 지켜보면 될 일이다.

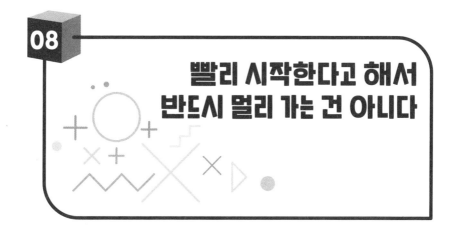

08 빨리 시작한다고 해서 반드시 멀리 가는 건 아니다

학창 시절 꼬마전구를 건전지에 연결해 불을 켜는 실험을 한 적이 있을 것이다. 이때 꼬마전구에 건전지를 세 개 이상 직렬연결하면 전구가 터지거나 전선이 뜨겁게 달아오르는 것을 한두 번쯤은 경험했을 것이다. 적정 용량보다 센 전압이 흐르다 보니 과부하가 걸린 탓이다.

우리의 뇌에서도 이와 비슷한 일들이 벌어진다. 뇌 속 신경 세포의 사이사이는 아주 가늘고 그물처럼 생긴 시냅스라는 선으로 이어져 있다. 성인의 시냅스는 아주 잘 발달되어 있지만, 어린아이일수록 시냅스가 치밀하지 않고 얇기 때문에 과부하가 쉽게 걸린다. 가느다란 전선에 과도한 전류를 흘려보내면 과부하가 걸려 불이 나는 것처럼 어린아이들에게는 과도한 조기 교육을 시킬 경우 뇌에서 불이 나게 된다. 그러면 뇌가 손상되어 학습 장애와 같은 심각한 후유증을 겪게 될 수 있다.

발달 과정을 무시한 과도한 조기 교육은 많은 문제점을 유발한다. 당연히 수학 조기 교육도 피할 수 없다. 아이의 발달은 고려하지 않은 채 너무 어려서부터 수학 공부를 강요하다 보면 제대로 꽃 한 번 피우지 못하는 신세로 전락해버릴 수 있다. 조기 교육이 아닌 적기 교육을 시키려면 아이의 뇌 발달을 어느 정도 이해해야 한다.

뇌 과학자들의 연구에 따르면 만 3~6세 아이들은 앞이마 부분에 위치한 전두엽이 주로 발달하고, 만 7~12세 아이들은 옆머리 부분에 위치한 측두엽과 정수리 부분의 두정엽이 주로 발달한다고 한다. 대부분의 전문가들은 수학의 경우 측두엽과 두정엽이 발달하는 시기에 맞춰 공부를 시키는 것이 좋다고 주장한다. 측두엽은 언어와 암기력 등을 주로 담당하고 두정엽은 논리력 등을 담당하는데, 수학을 제대로 하기 위해서는 이러한 능력들이 필요하기 때문이다.

그에 반해 전두엽은 사고력, 집중력, 판단력 등을 관장할 뿐만 아니라 인간성이나 도덕성 발달에 결정적인 영향을 끼친다. 그러므로 한 가지 정답보다는 다양한 가능성을 지닌 지식을 가르쳐주는 방향이 전두엽 발달에 매우 좋은 것으로 알려져 있다. 반면 암기식 공부나 단순 연산 등을 무의미하게 반복하면 전두엽 발달에 좋지 않은 영향을 끼친다고 한다. 전두엽이 제대로 발달하지 않으면 사고력이나 집중력이 흐트러져 산만한 아이가 되기 쉽다. 그뿐만 아니라 정상적인 도덕성이나 인간성을 지니지 못해 남에게 피해를 끼치는 아이가 되기도 쉽다. 조금은 극단적이라고 생각할 수도 있겠지만 바로 이러한 것들이 지나치게 빨리, 그리고 잘못된 방식으로 아이에게 수학을 가르쳤을 때 나타날 수 있는 폐단들이다.

　과잉 학습으로 인해 병원을 찾는 아이들이 한 해 10만 명 이상이라는 통계가 있다. 1학년 아이들을 보면 이것이 빈말이 아님을 짐작할 수 있다. 30명 정도의 한 반에서 공부를 전혀 하고 오지 않아 문제가 되는 아이들은 한두 명 찾기조차 어렵다. 반면 너무 많이 공부를 하고 와서 문제가 되는 아이들은 숫자를 헤아릴 수 없을 만큼 많다. 부모들이 이런 현실을 올바르고 냉정하게 직시했으면 하는 바람이다. 취학 전 아이들은 전두엽이 발달하는 시기에 있으므로 수학 공부보다는 인간성 교육을 시켜야 한다. 이 시기에 수학 조기 교육을 한답시고 문제 풀이, 암기 등을 강요하면 아이의 인성이 망가질 수 있다. '세 살 버릇 여든까지 간다'라는 우리 조상들의 지혜를 마음속에 꼭 새길 필요가 있는 것이다.

초등 1학년 수학
들여다보기

학부모들을 대상으로 한 수학 주제의 강연에서 이런 일이 있었다. 강연이 끝나자마자 한 어머님이 황급히 오시더니 "선생님, 제 아이가 7살인데 수학 때문에 걱정이에요. 좋은 수학 학원을 하나 추천해주시면 안 될까요?"라고 묻는 것이었다. 그래서 필자는 "1학년은 수학 학원에 보내실 필요가 없어요. 엄마가 집에서 봐주는 것이 가장 좋습니다"라고 답변을 드렸다. 하지만 그 어머님은 자신이 없다며 계속 학원을 추천해달라고 채근을 하는 바람에 참 난감했던 적이 있다.

대상에 대해 제대로 알면 마음이 평안해지는 법이다. 하지만 대상에 대해 모르면 불안하기 마련이다. 몇몇 부모들은 1학년 수학에 대해 막연하게 불안한 마음을 가진다. 반면 또 다른 부모들은 1학년 수학을 지나칠 정도로 만만하게 보다가 나중에 부랴부랴 뒷수습을 하기도 한다. 둘 다 바람직하지 않다. 초등 1학년 수학에 대해 자세히 알아보고 준비하면 두려울 것도 없고 자만할 것도 없어진다. 『손자병법(子兵法)』에 이르기를 '적을 알고 나를 알면 백 번을 싸워도 위태롭지 않다(지피지기 백전불태, 知彼知己 百戰不殆)'라고 하지 않았던가.

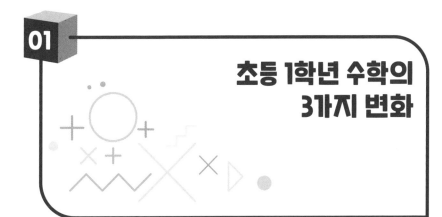

01 초등 1학년 수학의 3가지 변화

✏️ 이야기가 있는 수학, '스토리텔링'

2013학년도부터 개정된 수학 교과서의 가장 큰 변화를 들자면 이른 바 '스토리텔링 수학'의 등장이다. 이것이 처음 등장했을 때, 생소한 용어만큼이나 학부모들뿐만 아니라 교사들까지도 우왕좌왕했다. 게다가 전국의 수학 학원들은 학원 이름에 스토리텔링이라는 말을 넣느라 간판을 다 바꿀 정도였다.

도대체 스토리텔링 수학이 뭐라고 이렇게 난리가 난 것일까? 스토리텔링 수학이란 동화, 역사적 사실, 생활 속 상황 등 친숙한 소재를 활용해 수학적 개념과 의미 등을 가르치는 수학 교육의 한 방법이라고 할 수 있다. 예를 들어 1학년 1학기 4단원의 주제는 '비교하기'이다. 길이,

높이, 무게, 넓이, 양 등을 올바르게 표현하고 비교해보는 내용을 배우는 단원이다. 이 단원을 통해 아이들은 '내 키는 친구의 키보다 더 큽니다', '나는 친구보다 더 가볍습니다'와 같이 측정값을 정확하게 표현하는 방법을 배운다.

사실 위의 예시처럼 각종 측정값에 대해 정확하게 표현하는 것은 예전의 1학년 아이들도 똑같이 배운 내용이다. 하지만 스토리텔링 수학이 도입되면서 내용 전개 방식이 크게 바뀌었다. 예전에는 단원에 전체적인 통일성이나 흐름이 없을뿐더러 다짜고짜 크기, 길이, 무게 등을 비교하는 내용이 등장했었다. 반면 지금은 단원 전체가 하나의 스토리텔링, 즉 이야기 동화와 같은 느낌이 든다. 동물원에 놀러 가서 꼬리 원숭이를 보면서 길이를 비교하고, 시소를 타면서는 무게를 비교한다. 얼룩말이 더 넓은 풀밭을 찾는 장면을 통해 넓이를 비교하고, 코끼리가 물 마시는 장면을 통해 양을 비교한다. 이처럼 수학의 중요한 개념들이 이야기를 통해 자연스럽게 소개되다 보니 아이들은 자신이 수학을 배우는 것인지 이야기를 읽는 것인지 종종 착각을 하기도 한다. 이런 스토리텔링식 접근은 아이들에게 수학을 좀 더 친근하게 느끼게 해주고 실용적인 느낌을 준다.

수학에 스토리텔링을 도입한 이유는 명확하다. 아이들에게 수학을 좀 더 재미있고 쉽게 접근시키려는 것이다. 개념을 익힌 다음 문제를 푸는 획일화된 수업 방식에서 벗어나 실생활이나 동화 등 익숙한 상황을 통해 수학에 대한 흥미를 유발시키기 위해서다. 그뿐만 아니라 수학에 대한 인식을 개선하고 스스로 학습하는 동기를 부여하기 위해서이

▲ 1학년 1학기 수학 교과서 4단원 비교하기. 수학적 개념과 의미, 재미있는 이야기, 흥미로운 그림의 삼박자가 잘 어울려져 있다.

기도 하다.

수학에 스토리텔링이 도입되면서 교과서는 급격히 두꺼워졌다. 1학년 2학기 수학 교과서는 무려 200쪽이 넘는다. 개념 원리 등을 학생들에게 통보하듯이 알려주던 기존의 교과서와는 달리 이야기나 상황, 그림, 만화 등을 통해 자세히 설명하다 보니 교과서가 자연스럽게 두꺼워진 것이다. 그래서 경우에 따라서는 기존 수학보다 스토리텔링 수학을 더 어렵게 생각하는 부모나 아이들이 있다. 이는 지극히 당연한 것이다. 왜냐하면 스토리텔링 수학은 생소할 뿐만 아니라 실생활이나 동화, 심지어 다른 과목들과의 융합이 시도되기 때문이다. 예전에는 기본적인 연산만 잘해도 수학을 어느 정도는 잘할 수 있었는데, 이제는 다

방면에 걸친 다양한 배경지식이 있어야지만 잘할 수 있게 변한 것이다. 앞으로 스토리텔링 수학은 점점 더 강화될 것이며, 아이들이나 부모들 모두 이를 대비하기 위해서 틈이 날 때마다 책을 권하고 책을 읽는 지혜가 필요하다.

✏️ 몸으로 공부하는 수학, '조작 체험'

수학 공부에 대한 부모 세대의 추억은 연습장을 새까맣게 만들며 머리를 쥐어뜯는 장면이 아닐까 싶다. 대부분의 부모들은 수학은 머리와 연필로 하는 것이라고 생각한다. 하지만 이런 생각을 안고 자녀들에게 수학 공부를 시키면 상당히 곤란하다. 이제 수학은 더 이상 연필로만 하는 것이 아니라 몸으로 하는 것이기 때문이다.

수학을 몸으로 한다는 것은 수학 공부를 할 때 눈으로 보고, 손으로 만지며, 놀면서 체험한다는 뜻이다. 기존에는 한 가지 개념을 배울 때 반복 훈련이나 문제 풀이 등에 의존했다면 지금은 구체적인 조작 체험 중심으로 바뀌었다. 조작 체험을 통해 수학을 배우다 보면 아이들은 수학을 보다 더 재미있게 느낄 뿐만 아니라 개념에 대한 분명한 이해도 하게 된다. 그리고 다양한 응용력과 창의력이 생길 수 있다.

교과서만 봐도 구체적인 조작 체험을 중시한다는 사실을 잘 알 수 있다. 수학 교과서의 뒤편에는 '준비물 꾸러미'라는 굉장한 부록이 달려 있는데, 여기에는 붙임 딱지부터 시작해 각종 카드, 퍼즐, 주사위, 칠

▲ 1학년 1학기 수학 교과서의 준비물 꾸러미. 아이들이 직접 조작 체험을 할 수 있도록 다양한 자료들로 가득하다.

교판 등 수업 시간에 활용할 수 있는 다양한 자료들이 가득하다. 교과 서의 3분의 1가량을 차지할 정도로 그 분량 또한 상당하다. 교과서의 이러한 구성은 그만큼 조작 체험을 중시한다는 사실의 방증인 셈이다.

그리고 각 단원의 중간에는 '놀이 수학' 차시가 있고, 단원 끝에는 '탐구 수학' 차시가 배치되어 있다. 대다수의 아이들이 좋아하는 부분 으로, 앞에서 배운 개념을 다양한 체험 활동을 통해 다지고 심화하는 내용으로 구성되어 있다. 예를 들어 1학년 1학기 3단원 '덧셈과 뺄셈' 의 놀이 수학에서는 주사위 놀이를 통해 덧셈을 다질 수 있도록 배정했 고, 탐구 수학에서는 다양한 덧셈식과 뺄셈식을 만들고 색칠하는 활동 으로 구성하였다. 이런 과정을 통해 아이들은 자연스럽게 덧셈과 뺄셈

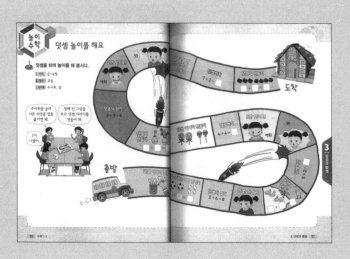

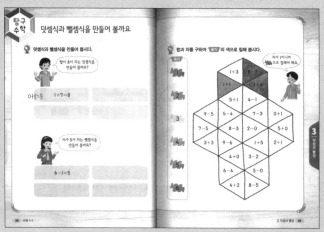

▲1학년 1학기 수학 교과서 3단원의 '놀이 수학'과 '탐구 수학'. 머리를 넘어 몸으로 공부해야 하는 수학의 모습을 잘 보여준다.

의 개념을 좀 더 깊이 이해하고 체득하게 되는 것이다.

상황이 이렇다 보니 때로는 수학 시간이 마치 놀이 시간처럼 보이기도 한다. 물론 어떤 사람은 이런 방법으로 과연 공부가 될까 하는 의구심을 가질 수 있다. 하지만 조작 체험 수학은 그저 왁자지껄 한바탕 놀고 끝나지 않는다. 조작 체험을 통해 문제를 발견하고 그 문제를 해결하기 위해 고민하는 과정에서 '수학적 사고력'이 자라도록 충분히 배려한다. 위에서 언급한 체험 마당도 교실 속 물건의 개수를 세는 것만으로 끝나지 않는다. 물건의 개수가 너무 적거나 많아서 불편했던 경험도 함께 묻는다. 더 필요한 물건은 없는지, 있다면 얼마나 더 필요하다고 생각하는지 등을 묻는 것이다. 질문에 답변을 하기 위해 아이들은 나름대로 고민을 하며, 이러한 고민의 과정을 거쳐 길러지는 것이 바로 수학적 사고력이다. 이처럼 조작 체험을 통한 수학 공부는 단순한 재미차원을 넘어서 수학적 사고력을 키워주기 위한 필수 불가결한 조건이 되고 있다. 그러니 머리를 쥐어뜯어가며 연필로만 공부하는 방식을 빨리 머릿속에서 지울수록 자녀의 수학 교육에 도움이 될 것이다.

✏️ 정답보다는 '왜'를 강조하는 수학, '수학적 사고력'

필자가 20여 년 전 임용고사를 준비하면서 교육 과정을 공부할 때 가장 많이 본 단어가 바로 '사고력', '창의력' 같은 것들이다. 그런데 세월이 흐른 지금도 교육 과정이 바뀔 때마다 가장 많이 등장하는 말이 바로 이것들이다. 놀랍지 않은가? 상황이 이렇다 보니 창의력이나 사고력 등은 이제는 식상할 대로 식상한 말이 되어버렸다. 그럼에도 불구하고 필자는 이 부분을 언급하지 않을 수 없다. 왜냐하면 지금도 여전히 수학을 통해 궁극적으로 가르치고자 하는 바가 '수학적 사고력'이기 때문이다.

그렇다면 수학적 사고력이란 과연 무엇일까? 어려운 수학 문제를 잘 풀어내는 힘일까? 수학적 사고력이란 말 그대로 '수학적으로 생각하는 힘'이다. 수학적으로 생각하는 힘은 일상생활에서 어떤 문제가 생겼을 때 그 문제를 분석하고 이해해서 논리적으로 해결해나가는 능력이라고 할 수 있다. 따라서 수학적 사고력이 있는 사람은 어떤 문제를 수학적으로 바라보고 다양한 전략을 찾아내 문제를 해결하는 힘이 남다르다. 수학을 제대로 배운 사람이라면 수학적 사고력을 갖추고 있으며, 이런 사람은 대개 논리적이고 상상력과 창의력이 풍부하다.

파스칼(Blaise Pascal)은 수학자이자 철학자이며 작가였다. 천재적인 화가이면서 철학자로 이름을 알린 레오나르도 다빈치(Leonardo da Vinci)는 수학자이기도 했다. 우리에게 『이상한 나라의 앨리스』로 잘 알려진 루이스 캐럴(Lewis Carrol) 역시 작가인 동시에 당대 이름난 수학자였다. 이처럼 많은 수학자들이 문학, 철학, 예술 방면에까지 두각을 드러낸 이유는 수학적 사고력, 즉 논리력, 상상력, 창의력 등이 풍부하기 때문이라고 할 수 있다. 영국의 세계적인 물리학자 스티븐 호킹(Stephen Hawking) 박사의 '이 세상을 만든 창조주가 있다면, 그 창조주의 직업은 수학자였을 것이다'라는 말도 결국엔 수학적 사고력을 강조한 것이 아닐까 싶다.

수학적 사고력을 증진시키는 방향으로 수학을 배우는 아이는 시간이 갈수록 수학을 재미있어 한다. 하지만 문제 풀이나 연산의 반복 정도로만 수학을 알고 배우면 자연스럽게 수학을 싫어하게 된다. 오죽하면 수능 시험이 끝나는 날 집에 돌아와서 가장 먼저 하는 일이 수학책을 모두 모아 버리는 일일까…. 우리의 수학 교육 방향이 잘못돼도 한참 잘못되고 있는 것이다.

부모라면 항상 반문해야 한다. 내 아이가 지금 공부를 하면서 수학을 좋아하는 아이가 되고 있는지, 아니면 점점 더 싫어하는 아이가 되고 있는지를 말이다. 만약 후자라면 그 아이는 방향을 잃은 것이다. 제대로 된 방향으로 가고 있다면 수학은 당연히 하면 할수록 재미있다.

수학적 사고력을 키워주기 위해서는 문제집 풀이에 열을 올리는 대신 교과서를 항상 가까이해야 한다. 그뿐만 아니라 수학을 공부할 때 항상 '왜'라는 의문을 갖게끔 유도해야 한다. 아이가 수학 문제를 풀 때 정답에만 신경 쓸 것이 아니라 "왜 그렇게 생각하니?", "왜 그런 답이 나왔니?", "다른 방법은 없겠니?" 등과 같은 질문을 자주 해야 한다. 아이는 이런 과정을 시나브로 겪으면서 모든 일에 대해 인과 관계를 따지는 논리력을 갖추게 되며, 더 나아가 하나의 문제에 대해 다양한 해결 방법을 모색할 줄 아는 창의력까지 겸비하게 될 것이다.

취학 전 아이를 둔
부모를 위한 수학 공부 가이드

✏️ 재미없는 공부는 안 시키는 편이 낫다

싫어 싫어 정말 싫어

정말 싫은 수학 공부

너 때문에 엄마한테 맨날 혼나

1학년 아이가 일기장에 쓴 글의 일부이다. 수학 공부에 대한 지겨움
이 적나라하게 잘 표현돼 있다. 하지만 사실 이 아이는 수학을 잘하는
편이다. 단원 평가에서 90점 이상은 꼭 받는다. 그럼에도 불구하고 실
상은 수학을 좋아하는 아이가 아닌 것이다. 수학을 잘할지언정 좋아하
진 않는다는 이야기다. 이제 겨우 1학년인데 누가 이렇게 만든 것일까?

과연 이 아이가 계속 수학을 잘할 수 있을까?

취학 전 아이를 둔 부모들에게 가장 강조하고 싶은 말은 재미와 흥미를 버리면서까지 수학을 가르치지 말라는 것이다. 1학년 수학 내용을 다 알아봤자 무슨 소용인가. 수학에 대한 흥미를 잃어버린 채 입학한다면 가장 중요한 것을 놓친 것이나 다름없다. 길게 봤을 때 이런 아이는 수학에 대한 기대감이 별로 생기지 않는다. 반면 수학을 거의 배우지 않았더라도 '수학은 재미있다'라는 생각을 가지고 입학한 아이는 수학의 모든 것을 가지고 공부를 시작한다고 볼 수 있다. 이런 아이는 학년이 올라갈수록 수학을 잘할 수 있는 가능성이 무궁무진하다.

아이들이 수학에 대한 흥미를 잃는 가장 큰 이유는 부모의 욕심 때문이다. 입학해서도 충분히 다 배울 수 있는데 경쟁에서 뒤처지지 않게 하려고 열심히 선행 학습을 시킨다. 집에서 공부를 하는 경우도 많지만 취학 전부터 학원을 보내는 경우도 많다. 하지만 이렇게 부모의 욕심으로부터 비롯된 선행 학습은 심한 경우 아이의 수학적 호기심까지 앗아간다. 입학해서 제때 배우면 쉽고 재미있게 배울 수 있는 내용을 선행 학습을 한답시고 너무 무리해서 어렵게 배운다. 입학해서 1개월이면 배울 내용을 취학 전 6개월 동안 무슨 말인지도 모른 채 힘겹게 배운다. 사실 1학년 수학은 아주 대단하지 않다. 학교에 들어가서 배워도 절대 늦지 않으니 너무 조급하게 생각하지 않길 바란다.

그다음으로 수학에 대한 아이의 흥미를 앗아가는 요인은 문제만 풀어대는 수학 공부 방법이다. 많은 부모들이 자녀에게 일찍부터 좋은 습관을 길러주겠다는 생각으로 매일매일 일정 분량의 수학 문제 풀이를 시킨다. 어떤 부모들은 연산 훈련을 한다고 심지어 초시계까지 들이댄다. 이런 부모들에게 수학 공부란 곧 문제 풀이와 같다. 하지만 수학 공부의 목적은 결코 단순하지 않다. 우리는 생활 속에서 수학적 원리를 이해하고 다양한 문제를 해결하기 위해 스스로 사고하는 힘, 즉 수학적 사고력을 기르기 위해 수학을 공부하는 것이다. 수학적 사고력을 기르는 방향의 공부는 아이들이 지겨워하지 않고 재미있어 한다. 그러니 지금 이 순간 아이가 하는 수학 공부가 수학적 사고력을 발달시키는지 아니면 저해하는지 곰곰이 따져볼 일이다.

✏ 책읽기 습관부터 꼼꼼히 점검하라

미국 버펄로 대학에서 어린이 수천 명을 대상으로 연구한 내용에 따르면, 취학 전 3~5세 어린이가 그림책을 보고 이야기로 꾸미는 재능이 뛰어날 경우 크면서 수학에 재능을 보일 가능성이 높다고 한다. 등장인물들 간의 복잡한 관계가 담긴 그림책을 이야기로 재구성할 줄 아는 능력이 뛰어날수록 수학적 재능 역시 탁월하다는 이야기다. 이런 연구 결과는 우리에게 시사하는 바가 크다.

이 책은 초등 1학년 수학 공부를 중심으로 서술되어 있다. 하지만 누군가 수학 공부와 책읽기 습관 중 어떤 것을 먼저 잡아줘야 하는지를 질문한다면 필자는 당연히 책읽기 습관이라고 말할 것이다. 이유는 간단하다. 책읽기가 되지 않으면 수학도 되지 않기 때문이다.

책읽기가 되지 않는 아이들은 어휘력과 이해력이 부족하다. 그렇기 때문에 수학 교과서를 백날 쳐다봐도 도무지 무슨 말인지 알 수가 없다. 게다가 선생님이 열심히 설명하는 수학 개념 원리 등도 잘 알아듣지 못한다. 이처럼 책읽기가 되지 않는 아이들은 교과서가 외계어로 쓰여 있는 것 같고, 선생님이 외계어로 말하는 것 같은 난관에 봉착한다. 과연 이런 아이들이 수학을 잘할 수 있을까? 난센스도 이런 난센스가 없다. 책읽기가 되지 않는 아이는 애당초 수학의 출발부터가 잘못된 것이다.

이미 언급했지만 현재의 수학 교육은 스토리텔링을 모토로 삼고 있다. 간단한 덧셈과 뺄셈을 배우면서도 이야기를 이해해야 하고, 또 이야기를 만들어내야 한다. 그뿐만이 아니다. '왜 그렇게 생각하는가?'와 같이 이유를 묻는 물음이 굉장히 많다. 이런 물음 앞에서 아이들은 꿀먹은 벙어리가 되곤 한다. 그리고 문제마다 풀이 과정을 쓰라고 난리다. 이 같은 수학의 흐름 앞에서 책을 읽지 않은 아이들은 한없이 작아지기 마련이다. 단순히 연산이나 좀 할 줄 안다고 될 수 있는 시대가 아닌 것이다. 책읽기를 충분히 한 아이가 될 수 있는 시대인 것이다.

수학에 자신감을 불어넣어주겠다며 취학 전부터 끊임없이 연산 훈련을 시키는 부모들이 꽤 많다. 물론 이런 것이 모두 무의미하지는 않지만 반드시 선후를 따질 일이다. 혹시 지금 아이에게 책읽기 습관은 길러주지도 않은 채 수학 문제집을 풀게 하고 있는가? 그렇다면 차라리 그 시간을 책읽기 습관을 기르는 데 쓰길 바란다. 결국은 이것이 아이의 수학 실력을 높여주는 지름길이 될 것이다.

✎ 무조건 반복하는 공부는 반드시 지양하라

대부분의 취학 전 아이들은 반복하는 형태의 수학 공부를 많이 한다. 매일 정해진 분량의 학습지나 문제집 등을 푸는 것이다. 하지만 이런 반복 숙달 방식의 수학 공부는 정말 조심해야 한다. 물론 이 같은 방식은 어떤 기능을 연마하는 데 반드시 필요한 과정이긴 하다. 그러나 수학은 문제 풀이 기능을 갈고닦기 위해 배우는 과목이 아니다. 특히 뇌과학적인 측면에서 볼 때 이런 방식은 어린아이들에게 맞지 않다.

우리의 뇌 중 좌뇌는 언어, 계산, 논리, 추리 등을 담당하는 것으로 알려져 있다. 따라서 좌뇌가 발달한 사람은 분석적이고 계획적이며 다분히 현실적인 성향을 지니는 경우가 많다. 반면 우뇌는 그림, 상상, 음악, 열정 등을 담당하는 것으로 알려져 있다. 따라서 우뇌가 발달한 사람은 감상적이고 총체적이며 직관적인데다 패턴 인식이나 공간 인식 능력까지 뛰어난 편이다.

좌뇌와 우뇌 중 우뇌는 취학 전에, 좌뇌는 취학 후에 왕성하게 발달하는 것으로 알려져 있다. 이는 취학 전 아이들이 다소 비논리적이긴 하지만 상상력 등이 아주 발달한 것을 보면 쉽게 알 수 있다. 이처럼 우뇌가 훨씬 더 발달한 미취학 아이들에게 반복 숙달 방식의 수학 공부는 전혀 맞지 않다. 반복적으로 문제를 풀게 하고 연산 훈련을 시키는 것은 지극히 좌뇌식 학습 방법이기 때문이다. 이는 초등학교 입학 후 좌뇌가 어느 정도 발달하면 적합할 수도 있겠지만 취학 전 아이들에게는 시기상조이다. 아직 온전히 발달하지도 않은 좌뇌를 활용해서 반복 숙달 식으로 수학 공부를 하게 하면 과연 어떻게 될까? 아이는 아이대로 힘들고 결과 역시 영 신통치 않을 것이다. 그리고 무엇보다 결정적인 문제는 아이가 수학을 싫어하게 된다는 사실이다. 한번 수학을 싫어하기 시작하면 수학 공부와는 악연이 되기 십상이다.

그러므로 취학 전 아이들에게는 우뇌를 자극하고 활용하는 수학 공부 방식이 필수적이다. 그중에서도 놀이나 활동을 적극 추천한다. 대부분의 놀이나 활동은 팔과 다리의 대근육을 사용한다. 대근육 활동은 우뇌 발달에 도움이 될 뿐만 아니라 수학적인 재미까지 높여줘 결국 아이가 수학을 잘하게 만들어준다. 아이와 어떻게 수학 놀이를 해야 할지 모르는 부모들을 위해 유용한 방법이 담긴 책을 몇 권 소개한다.

　＊『놀이의 반란』(EBS [놀이의 반란] 제작팀, 지식너머)
　＊『창의폭발 엄마표 창의왕 수학놀이』(민이랑 류진희, 로그인)
　＊『우리집은 수학 창의력 놀이터』(이미경, 이지스퍼블리싱)

✏️ 취학 전, 이 정도만 알아도 충분하다

수학 강연을 할 때 미취학 부모들에게 가장 많이 받는 질문 가운데 하나가 "입학 전, 수학 공부를 어느 정도 시키면 되나요?"이다. 아이에게 공부를 너무 많이 시켜 이제는 제발 그만 좀 하라고 뜯어말리고 싶은 부모가 있는가 하면, 너무 무관심한 나머지 전혀 준비를 하지 않는 부모도 있다. 당연히 둘 다 문제가 있다.

그렇다면 미취학 아이는 어느 정도까지 수학을 공부하고 초등학교에 입학하면 좋을까? 교사로서 솔직한 심정은 차라리 수학에는 손을 대지 않았으면 한다. 국어의 경우 취학 전 한글 습득 여부에 따라 수준 차가 크게 벌어진다. 하지만 수학은 그렇지 않다. 아이가 초등학교에 입학하면 숫자를 쓰는 법부터 차근차근 배우게 된다. 특히 노련하고 경험이 많은 선생님을 만난다면 처음부터 제대로 배울 수 있다. 어설프게 배우고 와서 다 안다고 딴청을 피우는 아이보다는 학교에 들어와 제대로 배우는 아이가 당연히 발전 가능성이 높다.

하지만 이는 다분히 교사의 입장에서 할 수 있는 생각이다. 학부모의 입장을 감안해 이야기한다면 취학 전 1학년 1학기 내용 정도만 숙지하고 입학해도 충분하다. 50까지의 수를 셀 줄 알고, 쓸 수 있으면 된다. 만약 50까지의 수를 가지고 간단한 덧셈이나 뺄셈을 할 줄 안다면 이미 1학년 1학기 수준의 수학을 섭렵했다는 의미이다. 이 정도를 넘어서 더 욕심을 부리는 부모에게는 과유불급(過猶不及)이라는 말을 가슴에 새기라고 부탁하고 싶다. 만약 만족하지 못하겠다면 더 선행 학습을 시킬 생각은 잠시 접어두고 차라리 그 시간에 수학과 관련된 동화책을 읽히거나 함께 수학 놀이를 하는 편이 훨씬 더 좋을 것이다.

03

초등 1학년 수학, 한눈에 살펴보기

✏️ 수학 교과서의 구성

수학 교과서에는 『수학』과 『수학 익힘책』이 있다. 이 둘은 짝꿍과 같다. 마치 국어 교과서에 『국어』와 『국어 활동』이 있듯이 말이다. 그러나 이 둘은 비슷하면서 또 다르다. 『수학』은 개념 원리를 이해시키기 위한 설명서에 가까운 책으로 문제가 많이 들어 있지 않다. 반면 『수학 익힘책』에는 『수학』에서 설명한 개념 원리를 좀 더 깊이 이해할 수 있게끔 해주는 다양한 문제와 조작 활동이 많이 실려 있다. 그러므로 일종의 워크북이라고 할 수 있다.

▲ 초등학교 1학년 『수학』

▲ 초등학교 1학년 『수학 익힘책』. 『수학 익힘책』은 가정에서 복습하는 책으로 본 책과
정답 및 풀이 책으로 구성되어 있다.

『수학』 파헤치기

아이의 수학 공부를 봐주는 가장 첫걸음은 아이가 실제로 배우는 교과서를 보는 안목에서부터 시작된다. 수학 교과서가 어떻게 구성되어 있는지를 알면 훨씬 더 효율적이면서 통찰력 있게 수학을 지도해줄 수 있다.

• 단원의 구성

초등학교 수학은 한 학기에 보통 6단원으로 구성되어 있다. 다만 1학년 1학기는 3월 한 달간의 적응 기간을 감안해 5단원으로 구성되어 있다. 한 단원의 구성을 자세히 살펴보는 것만으로도 교과서 전체를 이해할 수 있다.

『수학』은 크게 단원 도입, 개별 차시, 놀이 수학, 얼마나 알고 있나요, 탐구 수학 이렇게 다섯 부분으로 나눠져 있다.

단원 도입

단원 도입은 단원명과 단원의 전반적인 맥락을 나타내는 삽화 2쪽으로 제시된다. 삽화는 아이들이 유치원 때 한두 번 경험해봤을 친근한 내용들이다. 1학년 1학기 삽화를 보면 주차장, 완구점, 놀이공원, 동물원, 주말 농장 등이 삽화로 등장한다. 삽화는 그냥 지나칠 수 있지만 단원의 내용을 축약한 부분이기 때문에 삽화를 보면서 어떤 내용을 배울

▲ 단원 도입 부분. 아이들이 친근함을 느낄 수 있는 장면의 삽화로 구성되어 있다.

지 추측하고 상상해보는 활동을 통해 단원에 대한 호기심과 창의성을 높일 수 있다.

개별 차시(내용)

개별 차시는 단원에서 실제로 배우는 내용이다. 개별 차시의 학습 주제는 교과서 왼쪽 상단에 나와 있는데, 대개 '…해볼까요?', '…알아볼까요?', '…무엇일까요?' 등과 같은 말로 표현돼 있다. 보통 수학책 2쪽을 한 시간에 걸쳐 배우며, 내용에 따라서는 4쪽을 배우기도 한다. 차시 활동은 보통 2~4개의 개별 활동으로 이루어져 있으며, 각 활동은 주사위 눈 아이콘으로 구분되어 있다.

주사위 아이콘	의미
(첫째 활동)	해당 시간에 배우는 내용과 관련된 삽화나 사진을 통해 생각을 열 수 있게 도와줌
(중간 활동)	수학의 개념이나 원리, 기호, 용어, 공식, 성질 등에 대해 소개하는 핵심 내용으로 학생 참여 중심 활동으로 구성되어 있음
(마지막 활동)	해당 차시에서 배운 내용을 좀 더 익히거나 적용 및 발전할 수 있게 해줌

놀이 수학

　　1학년 아이들의 단계를 고려하여 보다 쉽고 재미있게 수학을 배우고 신장할 수 있도록 모든 아이들이 좋아할 수 있는 놀이로 구성된 부분이다. 다양한 수학 놀이를 통해 재미있게 연습하면서도 학습한 내용을 확인하거나 기능을 숙달할 수 있다.

얼마나 알고 있나요(단원 평가)

　　한 단원이 끝날 때마다 '얼마나 알고 있나요'라는 제목으로 단원 평가 차시가 할당되어 있다. 그 단원에서 배운 내용을 토대로 다양한 유형의 문제를 제시하는데, 보통 2쪽이나 4쪽으로 구성되어 있으며, 대개 10문제를 넘지 않는다. 이곳의 문제 수준은 별로 높지 않다. 꼭 알고 넘어가야 할 내용 수준이기 때문에 만약 아이가 이 부분의 문제를 원활하게 해결하지 못한다면 다시 내용을 보충할 필요가 있다.

탐구 수학

　　매 단원의 맨 마지막에 등장하는 '탐구 수학'은 예전에는 '문제 해결'이라는 제목으로 제시되어 있었다. 한 문제에 대해 다양한 해결 방안을 모색해 보고 실생활과 연계하면서 수학의 유용성과 재미

를 주려고 구성된 내용이다. 단원 중간에 나오는 '놀이 수학'은 놀이에 비중을 두어 재미를 강조했다면, '탐구 수학'은 다양한 문제 해결에 방점을 두어 좀 더 수준이 높다. 하지만 대부분 아이들이 '탐구 수학' 내용을 좋아한다.

✏️ 『수학 익힘책』 파헤치기

1학년 1학기 중간 즈음, 학부모와 이런 면담을 한 적이 있었다.

"선생님, 저희 아이가 수학 시간에 딴짓을 많이 하나요?"
"왜 그러시는데요? 아이에게 무슨 문제라도 있나요?"
"아이의 수학 익힘책을 보니 중간중간 빼먹은 곳이 너무 많아서요."
"아… 그런데 어머님, 수학 익힘책은 집에서 해야 하는 거예요."
"정말요? 그럼 얼른 책을 챙겨가야겠네요."

이는 『수학 익힘책』의 용도와 취지를 잘 모르기 때문에 왕왕 벌어지는 일이다. 수업 시간에 책 속의 거의 모든 내용을 다루는 『수학』과는 달리 『수학 익힘책』은 그렇지 않다. 사실 『수학 익힘책』은 많은 사람들이 알고 있는 대로 『수학』의 보조 자료만은 아니다. 그보다는 학생들이 학습 결과를 스스로 점검해볼 수 있는, 이른바 자학자습용 워크북으로 만들어졌다. 물론 수업 시간에 『수학 익힘책』까지 다뤄주는 교사도 있

지만, 실제로 아이들과 수업을 하다 보면 도저히 그럴 시간이 나질 않는다. 그래서 대부분의 교사들은 『수학 익힘책』을 숙제로 내주거나 집에 두고 스스로 공부하게 한다.

『수학 익힘책』은 자학자습용으로 만들어졌기 때문에 매우 친절하게 구성되어 있다. 일단 책 뒤편을 보면 부록으로 '정답 및 풀이'가 달려 있다. 달랑 정답만 나와 있는 것이 아니라 문제와 정답, 그리고 풀이 과정이 모두 자세히 쓰여 있기 때문에 1학년 아이라 할지라도 한두 번 해보면 스스로 쉽게 공부할 수 있을 정도이다.

 『수학 익힘책』에 나온 문제의 좌측에 문제에 따라 퍼즐 모양의 작은 아이콘이 붙어 있는 문제가 있다. 이 문제들은 난이도가 높은 문제라는 의미이다. 이런 문제를 잘 푸는 아이들은 수학을 잘하는 아이라 할 수 있다.

📝 초등 1학년 수학 내용 체계

영역 및 단계		내 용
수와 연산	1학기	• 50까지의 수 • 간단한 수의 덧셈과 뺄셈 • 덧셈과 뺄셈의 활용
	2학기	• 100까지의 수 • 여러 가지 수세기 방법의 활용(하나, 둘, 일, 이) • 한 자리 수의 덧셈과 뺄셈 • 두 자리 수의 덧셈과 뺄셈(받아 올림, 받아 내림 없음) • 덧셈과 뺄셈의 활용
도형	1학기	• 입체 도형의 모양(공, 상자, 둥근 기둥)
	2학기	• 평면 도형의 모양(세모, 네모, 동그라미)
측정	1학기	• 여러 가지 양의 비교(넓이, 들이, 길이, 높이, 무게)
	2학기	• 시각 읽기(몇 시, 몇 시 30분을 정확하게 읽기)
규칙성	1학기	• 규칙적인 배열에서 규칙 찾기 　(2,3칸씩 반복되는 규칙을 찾아서 빈칸 채우기)
	2학기	• 자신이 정한 규칙에 따라 배열하기(스스로 규칙 만들기) • 1~100의 수 배열표에서 규칙 찾기(숫자를 통한 규칙 찾기)
자료와 가능성	1학기	
	2학기	• 한 가지 기준으로 사물을 분류하기 　(자료를 한 가지 기준으로 분류하기)

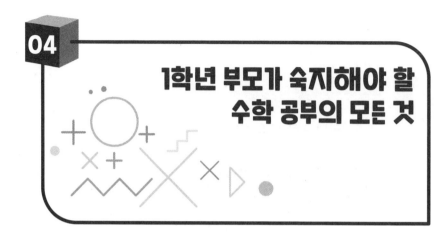

04 1학년 부모가 숙지해야 할 수학 공부의 모든 것

📝 문장제 문제, 문제 속에 답이 있다

(문제) 예방 주사를 맞으려고 8명이 병원에 왔어요. 먼저 2명이 주사를 맞고, 잠시 후 4명이 주사를 맞았어요. 아직 주사를 맞지 않은 사람의 수를 구해보세요.

1학년 2학기 '덧셈과 뺄셈' 단원에 자주 등장하는 문제 유형 중 하나이다. 이런 문제가 시험에 출제되면 문제 길이만 적게는 다섯 줄에서 많게는 예닐곱 줄에 이른다. 상황이 이렇다 보니 아이들은 혼란을 겪을 수밖에 없다.

사실 1학년 부모들이 아이의 수학책을 보며 가장 많이 놀라는 이유 중 하나가 바로 문제의 길이 때문이다. 그야말로 한 문제의 길이가 예사롭지 않다. 수학책이 이야기책 같이 느껴지는 이유도 여기에 있다. 간단한 연산 문제로 가득한 예전 교과서와 서술형 문제가 즐비한 요즘 교과서를 비교해보면 절로 격세지감이 느껴질 정도다.

문장제 문제는 보통 '이해→해결 계획→계획 실행→반성'이라는 4단계의 과정을 거쳐 해결한다. 이를 의식하든 의식하지 않든 상관없이 4단계를 거쳐야 제대로 된 문제 해결을 할 수 있다. 아이는 이 같은 과정을 속속들이 알지 못해도 괜찮지만, 교사나 부모는 반드시 의식하고 있어야 한다. 그래야지만 체계적인 지도를 할 수 있고, 아이의 수학적 사고력도 키워줄 수 있다. 다음은 문제 해결 과정 4단계를 나타낸 표이다.

문제 해결 과정	내용	지도 방법
이해	해야 할 것, 주어진 것, 조건을 확인한다.	• 문제에서 무엇을 요구하는지 혹은 무엇을 구해야 하는지를 묻는다. • 문제에서 주어진 자료나 조건 등에 대해 생각하게 한다. • 문제에 맞춰 그림을 그려보게 한다.
해결 계획	해결 계획을 수립한다.	• 이전에 이 문제와 같거나 유사한 문제를 풀어본 경험이 있는지를 생각하게 한다. • 여러 가지 문제 해결 전략과 더불어 이 문제를 해결할 수 있는 수학적 성질이나 원리를 생각하게 한다. • 주어진 자료와 조건을 모두 사용했는가? 문제에 포함된 핵심 개념을 모두 고려했는가? 등을 물어본다.

계획 실행	수립된 계획을 실행해 문제를 해결한다.	• 풀이의 매 단계가 올바르게 이뤄졌는지 확인하면서 답을 구하게 한다. • 풀이 과정이 올바르다는 것을 증명할 수 있는지 물어본다.
반성	결과를 점검하고, 또 다른 해결 방법을 찾아본다.	• 문제 해결 과정을 검토하게 한다. • 만약 결과가 틀렸다면 또 다른 해결 방법을 탐색하게 한다.

이와 같은 문제 해결 과정을 통해 실제로 어떻게 문제를 푸는지 살펴보면 다음과 같다.

（문제） 배가 10개 있습니다. 그중에서 몇 개를 먹었더니 7개가 남았습니다. 먹은 배는 모두 몇 개입니까?

문제 해결 과정	내용	아이의 반응
이해	문제를 주의 깊게 읽는다.	문제를 주의 깊게 읽으면서 특별히 핵심 어휘 등에 주목한다.
	주어진 조건을 이해한다.	배가 10개 있었고, 그중에서 몇 개를 먹었더니 7개가 남았다.
	구하고자 하는 바를 안다.	먹은 배는 몇 개일까?
해결 계획	문제에 맞는 문제 해결 계획을 세운다.	다양한 전략, 즉 그림 그리기, 식 만들기, 거꾸로 풀기, 규칙 찾기, 예상과 확인, 표 만들기, 단순화하기 등을 동원해 문제 해결 계획을 세운다.

계획 실행	수립된 계획에 따라 문제를 해결한다.	• 식을 세워서 풀기 10 - □ = 7 • 그림을 그려서 풀기
반성	풀이 과정을 점검했는데도 풀리지 않는다면 또 다른 해결 전략을 생각해본다.	본인이 예측했던 답과 일치하는지 확인하고, 계산 과정에서 오류가 없었는지 등을 점검한다.

물론 매 문제마다 이렇게 하나하나 따지면서 풀긴 힘들다. 하지만 아이에게 어려운 문장제 문제를 지도할 때만큼은 이러한 과정을 철저하게 따를 필요가 있다. 문제 해결 전략은 자연스럽게 키워지는 면도 있지만, 수학적 안목이 높은 사람의 지도를 받으면 훨씬 더 잘 키워질 수 있기 때문이다.

📝 검산 습관이 수학 실력을 완성한다

수학을 잘하기 위해 가장 중요한 기술 가운데 한 가지가 바로 '검산 습관'이다. 검산은 문제를 푼 다음 제대로 풀었는지 다시 한 번 검토해보는 것이다. 앞서 소개한 문제 해결 과정, 즉 '이해→해결 계획→계획 실행→반성' 중 검산은 반성에 해당한다. 사소한 계산 실수로 인해 문제를 틀리지 않으려면 검산 습관은 필수적이다.

검산 습관이 제대로 들면 실수로 인해 문제를 틀릴 확률이 현저히

낮아진다. 하지만 대부분의 아이들은 검산 습관이 들여져 있지 않다. 시험지를 채점하다 보면 객관식 문제조차 빈칸으로 남겨둔 것을 심심치 않게 볼 수 있다. 검산은커녕 자기가 문제를 다 풀었는지 검토조차 하지 않는 아이들이 많다는 사실의 방증이다. 도대체 아이들은 왜 그런 것일까? 평소 습관대로 시험 문제를 풀기 때문이다. 버겁게 주어진 일정 분량의 문제집을 허겁지겁 풀다 보면 검산은 자연스럽게 먼 나라 이야기가 되어버린다. 지나친 문제 풀이가 수학에서 정말로 중요한 검산 습관을 무너뜨리는 것이다.

검산 습관이 제대로 들지 않은 아이한테는 조금 번거롭더라도 부모가 자꾸 옆에서 "검산했니?"라고 물어보며 상기시키는 편이 좋다. 이렇게 꾸준히 반복한다면 언젠가는 아이에게 검산 습관이 자리할 수 있으니 말이다. 그리고 연산 훈련을 한다면 속도보다는 정확도가 훨씬 더 중요하다는 사실을 일깨워줘야 한다.

✏️ 질문하지 말고 발문(發問)하라

'발문 수준이 교사의 수준이다'라는 말이 있을 만큼 발문 기술은 교사에게 중요한 수업 기술 중 하나이다. 질문과 발문은 비슷해 보이지만 많이 다르다. 질문과 발문 모두 물음이지만, 질문은 이미 배운 내용을 잘 알고 있는지 묻는 것인 반면, 발문은 사고 활동을 활발하게 일으키는 물음이라고 할 수 있다. 그리고 질문은 답이 하나일 확률이 높지만,

발문은 답이 여러 가지로 나오는 것이 보통이다.

예를 들어 '12+27'과 같은 문제를 통해 질문과 발문이 어떻게 다른지 알아보자. "정답이 무엇이니?"와 같은 물음은 질문이라고 할 수 있다. 딱 한 가지 답을 요구하고 있기 때문이다. 하지만 "이 문제를 어떻게 풀 수 있겠니?"와 같은 물음은 굉장히 좋은 발문이다. 답변이 매우 다양하게 나올 수 있기 때문이다. 이렇게 다양한 답변이 가능한 물음을 대개 '열린 물음'이라고 하는데, 발문은 당연히 열린 물음이다. 이러한 열린 물음은 아이의 수학적 사고도 활짝 열리게 해준다.

아이에게 질문이 아닌 발문을 하기 위해서는 간단한 연산 문제부터 정답 여부를 따지기보단 해법의 다양성을 먼저 고려해야 한다. 또한 결과보다는 과정을 물어야 하며, 이미 도출된 결과에 대해서도 그 이유를 자주 물어봐야 한다. 그리고 그 무엇보다도 자녀에 대한 믿음을 갖는 것이 중요하다. 자녀를 온전히 믿지 못하면 발문 대신 취조하는 식의 질문이 이어지기 때문이다. 그러면 아이는 점점 말이 없어지고 부모의 말만 많아지게 된다. 부모의 말이 많아지는 게 질문이라면 아이의 말이 많아지는 건 발문이라고 할 수 있다.

✏️ 수학 교과서를 버리지 마라

학기나 학년이 끝나기가 무섭게 교과서를 버리는 부모들이 많다. 다른 과목이라면 모르겠지만 수학 교과서만큼은 잘 간직했으면 하는 바람이다. 아이가 2학년이 되어도 분명히 1학년 교과서를 들춰볼 일이 왕왕 생기기 때문이다.

초등학교 1, 2학년은 배우는 내용이 거의 비슷하다. 1학년 수학에서는 100까지의 수 세기와 100 이하의 수를 활용한 덧셈과 뺄셈을 가장 강조해서 가르친다. 그리고 2학년에서는 1000까지의 수 세기와 1000 이하의 수를 활용한 덧셈과 뺄셈이 가장 중요하다. 수의 크기만 달라졌을 뿐 서로 연관성이 아주 높다. 따라서 2학년이 되어 잘 모르는 내용이 생긴다면 1학년 교과서에서 연관된 내용을 찾아 다시 한 번 읽어보게 하거나 문제를 풀어보게 하는 것이 가장 좋다.

앞서도 언급했지만 수학은 '체인 과목'이다. 그 어떤 과목보다 연계성과 연속성이 강하다. 이런 교과목의 특성상 때가 이미 지났다는 이유로 교과서를 버리기보다는 잘 보관해두었다가 필요할 때마다 꺼내서 보면 굉장히 유용할 것이다.

✏️ 수학 시험, 점수보다는 방법과 전략이 우선이다

1학년 아이들도 받아쓰기나 수학 단원 평가 정도의 시험은 치른다. 조금 안쓰럽긴 하지만 그만큼 중요하기 때문에 보는 것이다. 그런데 이상한 건 시험을 본다고 하면 정작 아이들은 아무런 긴장감도 없는데 엄마들이 난리가 난다. 아이 시험인지 엄마 시험인지 헷갈릴 지경이다. '1학년 성적은 엄마 성적'이라는 말이 왜 생겨났는지 알 만하다. 그러나 지나

침은 모자람만 못하다.

시험을 잘 보게 할 요량으로 지나치게 아이를 관리하는 부모들이 있다. 하지만 세상에서 가장 강력한 평가는 부모도, 교사도 아닌 바로 자기 자신의 평가이다. 아이들이 아직 어리긴 해도 자기 점수는 확실히 안다. 굳이 말은 안 해도 '이건 내가 한 게 아닌데…'와 같은 생각을 한다.

수학 시험으로 인해 심하게 스트레스를 받는 것은 엄마나 아이에게 모두 좋지 않다. 이를 방지하려면 그 무엇보다도 시험에 대한 엄마의 원칙부터 바로 세워야 한다. 1학년이라면 점수에 신경을 쓰기보다는 시험공부 방법 익히기에 주력을 해야 한다. 고학년인데도 가장 기본적인 시험공부 방법조차 모르는 아이들이 많다. 어려서부터 엄마의 강요나 학원에서 하라는 대로만 했기 때문에 아주 간단한 시험 전략조차 없는 것이다. 수학 시험 전날, 1학년 아이한테는 교과서를 한 번 읽어본 다음, 평소에 풀던 문제집을 펴놓고 틀린 문제를 다시 한 번 풀어보라고 조언해줘야 한다. 그리고 이러한 시험공부 전략을 매 단원 평가 때마다 반복해 아이가 온전히 체득할 수 있도록 이끌어줘야 한다.

시험은 준비 과정도 중요하지만 그만큼이나 결과 처리도 중요하다. 부모가 시험 결과에 따라 일희일비하면 아이도 결과에 집착하기 쉽다. 처음에 1학년 아이들은 아무것도 모르고 시험을 보다가 시험 횟수가 반복될수록 결과에 굉장한 관심을 드러내기 시작한다. 채점하는 교사 주변에 와서 그 모습을 뚫어지게 쳐다본다거나 "선생님, 시험지 언제 나눠줘요?", "선생님, 저 몇 점이에요?"와 같은 말을 많이 한다. 부모가 시험 결과에 굉장히 민감하기 때문에 아이들이 이런 행동을 하는 것이다. 이는 아이 정서상 별로 좋지 않다. 부모가 시험 결과에 너무 민감하게 반응하기 시작하면 아이는 커닝도 불사한다. 결과가 좋지 않은 시험지를 받으면 그 자리에서 울음을 터뜨리기도 한다. 부모가 어떤 태도를 취하느냐에 따라 자녀의 수학 태도가 결정되는 셈이다. 그러니 결과에 너무 집착하는 태도는 버려야 한다.

현명한 부모가 되고 싶다면 점수보다는 자녀의 시험지를 꼼꼼히 살펴봐야 한다. 바둑에 '복기'라는 것이 있다. 복기란 바둑을 다 둔 후, 그 경과를 검토하기 위해 다시 바둑돌을 놓아보는 행위를 의미한다. 복기를 함으로써 바둑 실력은 일취월장하기 마련이다. 수학 시험도 이와 같다. 이미 다 푼 시험지를 놓고서 다시 한 번 돌아보게 해야 한다. 그러면서 틀린 문제는 물론, 맞힌 문제까지도 하나하나 다시금 풀어보게 해야 한다. 맞힌 문제 중 일부는 제대로 모르면서 맞힌 경우가 있을 수 있기 때문이다. 시험 결과에 지나치게 민감한 부모들은 하나같이 아이의 실패를 두려워한다. 하지만 반드시 명심해야 한다. 스스로 공부를 안 해서 겪는 실패는 차라리 어릴 때 많이 경험해보는 편이 훨씬 더 낫다.

4장

초등 1학년이 꼭 알아야 할
수학 개념 원리

아이들이 고학년으로 갈수록 수학 공부를 싫어하고 어려워하는 이유는 무엇일까? 콕 집어서 딱 한 가지로 말할 수는 없겠지만 가장 큰 이유 중 하나는 잘못된 공부 방식 때문이다. 바로 수학을 암기 과목처럼 공부하는 것이다. 암기 과목이 아닌 수학을 그런 방식으로 공부하다 보니 해야 할 공부의 양이 엄청나게 늘어난다. 문제를 최대한 많이 풀어보고 그 과정과 결과를 외우듯이 공부한다. 그래야만 시험을 잘 볼 수 있다고 생각한다. 하지만 이것은 애당초 불가능한 공부 방법이다. 무슨 수로 셀 수 없이 많은 수학 문제를 다 풀어볼 수 있겠는가?

수학을 암기 과목처럼 공부해서는 곤란하다. 개념 원리에 입각해서 공부해야 한다. 이렇게 공부하는 것이 처음에는 더딜지 몰라도 종국에는 수학을 가장 잘할 수 있는 방법이다. 그렇다면 초등 1학년 아이들이 꼭 알아야 할 개념 원리는 과연 무엇일까? 배우는 양이 그리 많지 않기 때문에 별로 없을 것 같지만, 사실 초등 1학년 수학은 다른 어떤 학년보다 중요한 개념 원리로 가득 차 있다. 무엇이든 처음이 중요하듯 수학 공부도 처음 할 때부터 개념 원리에 충실한 것이 가장 현명한 방법이다.

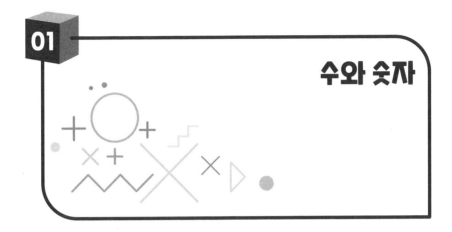

수와 숫자 구분하기

초등 1학년 수학의 첫 단원은 '9까지의 수'이다. 그 이후로도 '50까지의 수', '100까지의 수'와 같은 단원명으로 '수'에 대해 계속 배운다. 하지만 안타깝게도 아이들 중 대부분은 '수'와 '숫자'의 정확한 개념조차 잘 알지 못한 채 수업을 듣고 있다.

'숫자'란 수를 나타내는 데 사용하는 0,1,2,3…과 같은 기호를 의미한다. 반면 '수'는 사물을 세거나 헤아린 양, 크기나 순서 등을 나타낸 것을 뜻한다. 예를 들어 2는 그냥 기호로서 쓰면 숫자이지만, 사과 2개와 같이 개수를 가리키면 수가 되는 것이다. 좀 더 확실히 알아보기 위해 다음의 문제를 풀어보자.

(문제) 다음 세 자리 수 중에서 가장 큰 숫자는 어느 것일까요?

256

위 문제의 정답은 무엇일까? 대부분의 아이들은 당연히 '2'라고 답한다. 왜냐하면 2는 200을 의미하기 때문이다. 하지만 이 문제의 정답은 바로 '6'이다. 문제에서 가장 큰 숫자를 찾으라고 했기 때문에 말 그대로 가장 크게 쓰인 숫자 6이 정답인 것이다. 연장선상에서 '65'는 두 자리 수라고 부를 수 있다. 하지만 6은 십의 자리 숫자라고 부르고, 5는 일의 자리 숫자라고 불러야 정확한 표현이라고 할 수 있다.

🖉 수의 세 가지 의미

수는 크게 기수, 서수, 명목수 이렇게 세 가지로 나눌 수 있다.

종류	의미	용례
기수(양의 수, 집합수)	크기나 개수를 나타내는 수	사과 3개, 몸무게 30kg, 장미꽃 10송이 등
서수(순서수)	순서를 나타내는 수	첫째, 둘째, 셋째… 1등, 2등, 3등… 1층, 2층, 3층… 등

명목수(기호 역할의 수)	서로 다름을 나타내는 명목 상의 수	전화번호, 주민등록번호, 운동선수 등번호 등

1학년 아이들이 배우는 수의 의미는 크기나 개수 등을 표현하는 기수 개념이 대부분이다. 서수 역시 조금 배우기는 하지만 비중이 그렇게 크진 않다. 명목수의 경우 1학년에서는 배우지 않는다.

✏️ 수를 읽는 방법

1학년 아이들에게 아파트 몇 층에 사느냐고 물어보면 "다섯 층에 살아요", "일곱 층에 살아요"와 같이 이상한 대답을 하는 경우가 종종 있다. 수를 제대로 읽지 못해 생기는 해프닝이다. 우리나라는 수를 읽는 방법이 좀 독특하다. '하나, 둘, 셋…'과 같이 우리말로 읽는 방법이 있고, '영, 일, 이, 삼…'과 같이 한자어로 읽는 방법이 있다. 다른 언어에서는 좀처럼 찾아보기 힘든 특징이다. 이것이 바로 아이들이 수를 읽을 때 혼란을 겪는 이유다.

숫자	0	1	2	3	4	5	6	7	8	9
한자어	영	일	이	삼	사	오	육	칠	팔	구
우리말		하나	둘	셋	넷	다섯	여섯	일곱	여덟	아홉

언제 한자어를 사용하고, 언제 우리말을 사용해야 하는지 구분이 명확하지 않다. 대부분은 상황에 따라 사용되기 때문에 이를 배워서 그대로 따르는 수밖엔 없다. 다만, 첫째, 둘째, 셋째 등과 같이 순서수를 표현할 때 우리말에 '~째'를 붙인다는 규칙이 있는 정도이다. 아무래도 다양한 분야의 책을 많이 읽은 아이들이 절대적으로 유리하다.

✏ 다양한 수 세기

수를 세는 방법에는 앞으로 세기, 거꾸로 세기, 뛰어 세기 등이 있다.

	방법	예시	장점
앞으로 세기	어떤 수를 출발점으로 삼아 순차적으로 세기	일곱에서 시작해 여덟, 아홉, 열 순으로 세기	덧셈 개념 형성에 도움이 됨
거꾸로 세기	어떤 수를 출발점으로 삼아 거꾸로 세기	넷에서 시작해 셋, 둘, 하나 순으로 세기	뺄셈 개념 형성에 도움이 됨
뛰어 세기	어떤 수를 출발점으로 삼아 몇 씩 뛰어 세기	5에서 5씩 뛰어 센다면 5, 10, 15 순으로 세기	곱셈 또는 나눗셈 개념 형성에 도움이 됨

아이들은 보통 앞으로 세기는 잘하지만 거꾸로 세기나 뛰어 세기는 생각보다 어려워한다. 많은 연습이 필요한 부분이다. 만약 아이가 수 세기를 어려워한다면 1부터 100까지 쓰인 숫자판을 놓고 세어보게 하

면 도움이 된다.

0의 의미

사실 0은 흔하게 사용되므로 아이들이 별로 어렵지 않게 생각한다. 하지만 0은 수 중에서도 가장 늦게 발견되어 사용되었을 만큼 그리 쉬운 개념은 아니다. 0에는 크게 다음과 같은 네 가지 의미가 있다.

0의 의미	용례
아무것도 없다는 의미	처음에 사탕 2개를 가지고 있었는데, 2개를 다 먹었더니 지금은 0개를 가지고 있다.
빈자리를 나타낼 때	20, 200, 2000, 0.02, 0.002 등과 같이 자리를 채우거나 자릿값을 나타낸다.
시작점을 나타낼 때	100m 달리기 선수가 출발선에 서 있을 때 그 위치를 0m라고 하는데, 이때 0은 시작점을 의미한다.
기준점을 나타낼 때	온도를 나타낼 때 0도 이상을 영상, 0도 이하를 영하라고 하는데, 이때 0은 기준점을 의미한다.

1학년은 '아무것도 없다'라는 의미로 0을 배운다. 수학 교과서에는 0에 대해 '아무것도 없는 것을 0이라 쓰고, 영이라고 읽습니다'라고 쓰여 있다. 일상생활에 가장 많이 사용되는 개념이니, 아이가 성장함에 따라 다양하고 폭넓은 0의 의미를 가르쳐줄 필요가 있다.

02

가르기와 모으기

✏️ 가르기와 모으기의 의미

'가르기'는 하나의 수를 다른 두 수로 갈라보는 것을 말한다. 예를 들어 5는 (1,4), (2,3), (3,2), (4,1)로 가를 수 있다. 반면 '모으기'는 다른 두 수를 하나의 수로 모아보는 것을 말한다. 예를 들어 바로 앞의 (1,4), (2,3), (3,2), (4,1)은 5로 모을 수 있다. 가르기와 모으기는 수 개념 형성에 절대적인 역할을 할 뿐만 아니라 덧셈과 뺄셈의 기초가 되는 아주 중요한 활동이라고 할 수 있다.

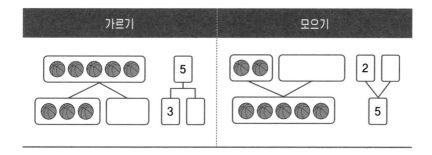

| 가르기 | 모으기 |

✏️ 가르기와 모으기의 경우의 수

2부터 10까지 수의 가르기와 모으기는 가장 기본이므로 매우 중요하다. 2부터 10까지 가르기와 모으기의 경우의 수는 아래와 같이 총 45가지이다.

수	가르기와 모으기의 경우의 수
2	(1,1)
3	(1,2) **(2,1)**
4	(1,3) (2,2) **(3,1)**
5	(1,4) (2,3) **(3,2) (4,1)**
6	(1,5) (2,4) (3,3) **(4,2) (5,1)**
7	(1,6) (2,5) (3,4) **(4,3) (5,2) (6,1)**
8	(1,7) (2,6) (3,5) (4,4) **(5,3) (6,2) (7,1)**
9	(1,8) (2,7) (3,6) (4,5) **(5,4) (6,3) (7,2) (8,1)**
10	(1,9) (2,8) (3,7) (4,6) (5,5) **(6,4) (7,3) (8,2) (9,1)**

진한 글씨로 표현한 부분은 앞과 순서만 다를 뿐 내용은 같다. 결과적으로는 경우의 수가 25가지인 셈이다. 이 표는 가급적이면 반복해 읽어보면서 외우게 하는 편이 좋다. 구구단이 곱셈과 나눗셈을 위해 반드시 필요하듯, 가르기와 모으기도 덧셈과 뺄셈을 하는 데 반드시 필요하므로 꾸준히 반복할 필요가 있다. 특히 10의 가르기와 모으기는 받아올림과 받아 내림이 있는 덧셈과 뺄셈에서 아주 중요한 역할을 하므로 꼭 기억해야 한다.

✏️ 퀴즈네어 막대

가르기와 모으기는 어른들의 시선에서 보면 쉬워 보이지만 어린아이들에게는 결코 그렇지 않다. 아이들은 대개 문제 풀이를 통해 가르기와 모으기를 배우곤 하는데, 사실 이런 방법은 아이들의 흥미를 크게 유발시키지 못한다. 그래서 처음으로 아이한테 가르기와 모으기를 가르친다면 '퀴

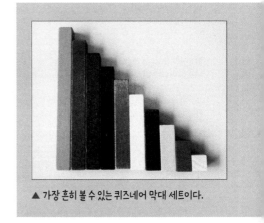

▲ 가장 흔히 볼 수 있는 퀴즈네어 막대 세트이다.

즈네어 막대'를 활용할 것을 권한다. 퀴즈네어 막대는 1cm부터 10cm까지 각기 다른 직육면체 모양 10개가 한 세트이며, 각각의 막대는 서

로 다른 색깔을 띠고 있다. 퀴즈네어 막대의 가장 큰 장점은 추상적인 수를 막대 길이로 표현해 수의 크기를 손과 눈으로 확인할 수 있다는 것이다. 아직 추상적인 사고를 하지 못하는 아이들에겐 더없이 좋은 교구인 셈이다.

퀴즈네어 막대를 활용해 다음과 같이 가르기와 모으기 활동을 할 수 있다.

같은 막대 길이 만들기	덧셈	뺄셈
10=6+4 6=2+2+2	10=8+2 8=5+3	10-8=2 8-5=3

덧셈의 의미

덧셈의 의미는 크게 '합병'과 '첨가'로 나뉜다. 합병은 두 양이 동시에 존재할 때 이들을 더해 전체를 구하는 방법이다. 그리고 첨가는 하나의 부분에 다른 부분을 추가해 전체를 구하는 방법이다.

구분	그림	표현	예시 문항
합병		• 2와 3을 더한다. ⇒ '~와(과) ~을(를) 더한다'와 같은 말로 표현된다.	흰토끼 2마리와 회색토끼 3마리가 있습니다. 토끼는 모두 몇 마리입니까?

첨가		• 5에다 2를 더한다. ⇒ '~에다 ~을(를) 더한다'와 같은 말로 표현된다.	버스에 5명이 타고 있습니다. 2명이 더 들어왔습니다. 모두 몇 명이 타고 있습니까?

성향에 따라 합병을 즐겨 쓰는 아이가 있는가 하면 첨가를 즐겨 쓰는 아이도 있다. 이는 대부분 부모나 교사의 영향 때문이다. 부모나 교사가 지나치게 편중된 합병 혹은 첨가의 표현을 사용하면 아이 역시 자연스럽게 그 영향을 받는다. 그러므로 두 가지를 적절히 섞어서 표현해 주는 것이 좋다.

✏️ 뺄셈의 의미

뺄셈의 의미도 크게 나머지를 구하는 '구잔(제거)'과 차를 구하는 '구차(비교)' 이렇게 두 가지로 나뉜다. 구잔은 전체에서 그중 한 부분을 제거해 나머지를 구하는 것이고, 구차는 두 부분을 일대일로 대응시킨 다음 나머지로 차이를 구하는 것이다.

구분	그림	표현	예시 문항
구잔 (제거)		• 5에서 4를 뺀다. ⇒ '~에서 ~을(를) 뺀다' 와 같은 말로 표현된다.	사탕을 5개 가지고 있 었습니다. 4개를 먹었 습니다. 남은 사탕은 몇 개입니까?
구차 (비교)		• 8과 3의 차를 구한다. ⇒ '~와(과) ~의 차를 구 한다'와 같은 말로 표현 된다.	사과가 8개 있고, 귤이 3개 있습니다. 사과가 몇 개 더 많습니까?

빼셈도 편중된 표현을 쓰는 아이들이 많다. 주로 구잔 표현을 많이
사용한다. 하지만 빼셈에는 구차도 있음을 간과하지 말고 두 표현을 적
당히 섞어서 쓰는 것이 바람직하다.

✎ 덧셈과 덧셈식, 빼셈과 빼셈식

1학년 아이들에게 다음과 같은 문제를 내면 과연 아이들은 정답을
뭐라고 할까?

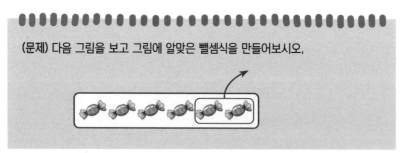

(문제) 다음 그림을 보고 그림에 알맞은 빼셈식을 만들어보시오.

대부분의 아이들이 '6-2'라고 하거나 '6-2=4'라고 대답한다. 보통은 둘 다 정답이라고 채점하지만, '6-2'는 경우에 따라 틀렸다고 채점할 수도 있다. 왜냐하면 뺄셈과 뺄셈식을 구분해서 쓰지 않았기 때문이다. 덧셈과 덧셈식, 뺄셈과 뺄셈식이란 말은 정말 많이 쓰면서도 둘 사이의 차이점에 대해 제대로 아는 아이들은 거의 없다. 덧셈은 두 수를 더하는 '활동'이지만, 덧셈식은 두 수를 더해서 생긴 '결과까지 나타낸 것'을 의미한다.

덧셈	12+34
덧셈식	12+34=46
덧셈식 읽기	12 더하기 34는 46과 같습니다. 12와 34의 합은 46입니다.

뺄셈도 마찬가지이다. 뺄셈은 어떤 수에서 얼마를 덜어내는 활동이지만, 뺄셈식은 두 수를 빼서 생기는 결과까지 나타낸 것을 의미한다.

뺄셈	34-12
뺄셈식	34-12=22
뺄셈식 읽기	34 빼기 12는 22와 같습니다. 34와 12의 차는 22입니다.

덧셈과 뺄셈의 다양한 표현

(문제1) 7-4 =□
(문제2) 7에서 4만큼 덜어낸 수는 □입니다.

앞의 문제를 1학년 아이들에게 내면 '문제1'은 한두 명 빼고 정답을 맞힌다. 하지만 '문제2'는 제법 많은 수의 아이들이 틀린다. 그리고 문제를 풀 때 "선생님, 덜어내는 게 뭐예요?"라고 여기저기서 질문을 해댄다. 똑같이 뺄셈을 할 줄 아느냐의 여부를 묻는 문제이지만 표현 방식에 따라 아이들의 반응과 그 결과는 크게 달라진다.

덧셈과 뺄셈은 다양한 서술 표현으로 나타낼 수 있다. 1학년 아이들 중에는 이런 표현을 잘 알지 못해 문제를 푸는 데 애를 먹고 시험 문제도 틀리는 경우가 많다. 그러므로 1학년 수학을 지도하는 부모는 덧셈과 뺄셈을 나타내는 다양한 표현을 익혀두었다가 폭넓게 가르쳐줘야 한다.

일반 수식 표현	다양한 서술 표현
3+4	3 더하기 4 3과 4의 합 3에다 4를 보탠다 3보다 4 큰 수 3과 4를 모으면 3에다 4를 첨가하면(추가하면) 3보다 4 많은 수 3에서 앞으로 4만큼 뛴 수
7-4	7 빼기 4 7과 4의 차 7에서 4를 갈라낸 수 7에서 4를 감한다 7보다 4 작은 수 7에서 4를 덜어낸 수 7보다 4 적은 수 7에서 뒤로 4만큼 뛴 수

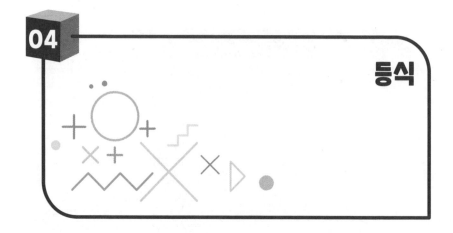

04 등식

✏️ 등식의 개념

1학년 아이들에게 '4+3+2=□+2=□'와 같은 문제를 풀라고 하면 '4+3+2=9+2=11'이라는 오답을 내곤 한다. 왜 이렇게도 엉뚱한 답을 내는 것일까? 바로 '='의 개념을 모르기 때문이다.

'='의 정식 명칭은 '등호'이다. 하지만 대다수의 아이들이 잘 모른다. 그저 '는' 혹은 '은'이라고 읽을 뿐이다. 등호는 왼쪽에 있는 식(좌변)과 오른쪽에 있는 식(우변)이 같을 때 사용하는 수학적 약속이자 기호이다.

'2+3=5'와 같이 등호(=)가 들어간 식을 '등식'이라 일컫는다. 아주 간단하고 쉬워 보이지만 등식은 수많은 수학적 의미를 담고 있다. 하지만 많은 아이들이 등식의 의미조차 제대로 모른 채 6학년까지 가는 경우가 허다하다. 그러고 6학년이 돼서야 등식의 정확한 의미와 성질을 간신히 배운다. 사정이 이렇다 보니 아무리 고학년이라도 풀이 과정을 쓸 때 보면 아무 곳에나 등호를 붙여놓곤 한다. 등호와 등식의 정확한 의미를 알지 못해 벌어지는 해프닝이라고 할 수 있다.

등식의 반대 개념이라고 할 수 있는 것이 있는데, 바로 '부(不)등식'이다. 부등식은 좌변과 우변이 같지 않을 때 사용하는 '부등호(〉,〈)가 들어간 식'이다. '2+3=□'의 답을 '4'라고 하면 왜 틀리는가? 바로 좌변의 계산 결과는 5인데, 우변에 4라고 썼기 때문이다. 이를 옳게 고치려면 '2+3=5'라고 해도 되지만, '2+3〉4'라고 해도 무방하다.

🖊 등식 놀이

1학년 아이들에게 다음과 같은 문제를 내면 어떤 반응이 나올까?

(문제) 다음 식에서 □의 값을 구하시오.

$$10-7+☆=□+☆$$

당연히 여기저기서 난리가 난다. "선생님, 이게 무슨 말이에요?"부터 시작해 "우리가 이걸 어떻게 풀어요?"까지 아우성을 친다. 이에 반해 아이들에게 '10-7=□'와 같은 문제를 내면 대수롭지 않게 '3'이라고 대답한다. 사실 이 문제를 풀 수 있는 아이라면 앞에서 나온 문제도 풀 수 있어야 하는 것 아닌가? 물론 등호를 기준으로 좌변과 우변을 정확히 비교할 줄 아는 아이에 한정된 이야기이긴 하지만 말이다. 등식의 개념에 대한 안목은 저절로 생겨나지 않는다. 이를 위해 필자는 집에서 실제 물건을 가지고 간단히 해볼 수 있는, 이른바 '등식 놀이'를 제안한다.

단계	놀이 방법	유의점
1단계	① 바닥에 나무젓가락을 등호 모양으로 늘어놓는다. ② 엄마가 등호를 기준으로 왼쪽에 종이컵을 한 개 놓은 다음, 아이도 등호의 오른쪽에 똑같이 종이컵을 한 개 놓게 해 등식을 성립시킨다. ③ ②와 마찬가지로 엄마와 아이가 번갈아가며 등호의 왼쪽과 오른쪽에 같은 개수의 바둑돌을 놓는다.	• 물건의 종류를 한 가지씩만 사용한다. • 쉽다고 조금만 하지 말고 충분히 반복함으로써 아이가 등호의 의미를 정확히 알 수 있게 한다.
2단계	① 엄마가 등호 왼쪽에 컵, 바둑돌, 사탕을 순서대로 늘어놓는다. ② 아이가 등호 오른쪽에 엄마와 똑같은 순서로 물건들을 늘어놓는다. (예시) 컵, 바둑돌, 사탕 = 컵, 바둑돌, 사탕	• 물건의 종류를 두 가지 이상 사용한다. • 엄마와 아이가 늘어놓는 물건의 순서를 똑같이 한다.
3단계	① 엄마가 등호 왼쪽에 컵, 바둑돌, 사탕을 순서대로 늘어놓는다. ② 아이가 등호 오른쪽에 엄마와 똑같은 물건을 순서를 다르게 해서 늘어놓는다. (예시) 컵, 바둑돌, 사탕 = 사탕, 컵, 바둑돌	• 물건의 종류를 두 가지 이상 사용한다. • 순서는 달라도 왼쪽과 오른쪽의 물건이 같기 때문에 등식이 성립한다는 사실을 인지시킨다.

이런 놀이를 함으로써 등식을 접할 때 등호를 중심으로 자연스럽게 왼쪽과 오른쪽을 볼 수 있게 된다. 그러면 위에서 나왔던 '4+3+2=□+2='나 '10-7+☆=□+☆'과 같은 문제도 무리 없이 풀 수 있다.

측정과 표현

✏️ 양(量)의 개념

  길이, 시간, 무게, 들이, 부피 등으로 대변되는 양은 상당히 추상적인
개념이다. 그리고 양을 표현한 길다, 짧다, 무겁다, 가볍다, 넓다, 좁다
등과 같은 말을 살펴보면 양은 다분히 상대적임을 잘 알 수 있다. 이처
럼 추상적이고 상대적인 양의 개념을 어린아이들이 단번에 이해하기란
생각만큼 쉽지 않다. 그렇기 때문에 조금 더 신경을 써서 지도할 필요
가 있다. 양은 크게 분리량과 연속량으로 나뉘는데, 이에 대한 설명은
다음과 같다.

분류	의미	예시	표현	특징
분리량 (이산량)	연필, 사람, 동물과 같이 독립된 개체의 수를 나타내는 양	개, 명, 마리 등	'센다'	분할이 안 된다
연속량	길이, 무게, 시간 등과 같이 얼마든지 분할할 수 있는 양	길이, 넓이, 무게, 들이, 시간, 각도, 밀도, 농도 등	'잰다'	분할이 된다

분리량은 수 세기를 배우면서 자연스럽게 습득할 수 있다. 그리고 수학에서 '측정'이란 길이, 넓이, 무게, 들이, 시간, 각도 등과 같은 연속량을 재는 것을 의미한다. 초등학교 수학 측정 영역에서는 학년 수준에 맞춰 보통 한 가지씩 연속량을 배워나간다. 초등학교 1학년에서는 길이 재기와 시각 읽기를 배운다.

📏 직접 비교와 간접 비교

양에 대한 개념을 형성할 때 직접 비교와 간접 비교는 굉장히 중요하다. 우선 직접 비교는 비교하고자 하는 두 사물을 직접 대보는 활동을 말한다. 예를 들면 연필의 길이를 비교하기 위해 두 자루의 연필을 가까이 대보는 것이다. 반면 간접 비교는 두 사물을 비교하기 위해 또 다른 매개물을 사용하는 활동을 말한다. 예를 들면 연필의 길이를 비교하기 위해 자를 이용해 각각의 수치를 재는 것이다.

직접 비교는 양에 대한 개념 형성 초기에 사용하는 가장 원시적인 방법이라고 할 수 있다. 그래서인지 직접 비교를 하다 보면 자연스럽게 간접 비교, 더 나아가 일정한 단위(cm, kg, ml 등)의 필요성을 느낀다. 이를 테면 지나치게 무겁거나 긴 사물들은 직접 비교가 불가능하기 때문이다.

그럼에도 불구하고 1학년 아이들은 최대한 직접 비교를 많이 해봐야 한다. 그래야 양감 형성에 도움이 된다. 직접 무게 비교를 많이 해본 아이들은 본능적으로 같은 부피일 때 돌이 나무보다 무겁다는 것을 금방 안다. 왜냐하면 직접 비교를 통해 양감뿐만 아니라 질감, 그리고 밀도까지 이해했기 때문이다.

📝 양(量)의 표현

1학년 아이들은 '키가 길다', '키가 짧다'와 같이 양을 어색하게 표현하는 경우가 많다. 양을 표현하는 정확한 방법을 잘 모르기 때문이다. 양을 비교하는 다양한 표현은 1학년 1학기 4단원 '비교하기'에서 배울 수 있다. 더불어 다음의 표에 제시된 내용을 잘 알고, 시기적절하게 사용하는 습관을 길러주면 굉장히 큰 도움이 된다.

상황	표현
길이를 비교할 때	길다, 짧다
높이를 비교할 때	높다, 낮다

키를 비교할 때	크다, 작다
거리를 비교할 때	가깝다, 멀다
깊이를 비교할 때	얕다, 깊다
두께를 비교할 때	얇다, 두껍다
넓이를 비교할 때	넓다, 좁다
무게를 비교할 때	가볍다, 무겁다
들이를 비교할 때	많다, 적다
빠르기(속도)를 비교할 때	빠르다, 느리다
색(농도)을 비교할 때	진하다, 연하다

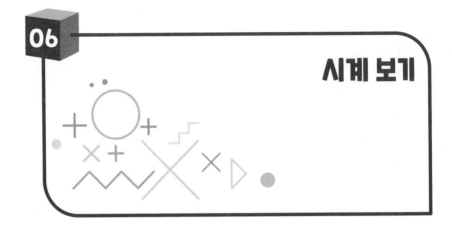

06

시계 보기

✏️ 시각(時刻)과 시간(時間)

대다수의 1학년 아이들은 시각과 시간 개념을 많이 헷갈려한다.

(문제1) 다음 시계를 보고 몇 시 몇 분인지 써보시오.

(문제2) 다음 시계를 보고 시각을 써보시오.

위의 문제들은 모두 시각을 묻고 있지만 첫 번째보다는 두 번째 문제에서 오답이 훨씬 더 많이 나온다. 시각의 의미를 잘 모르기 때문이다. 그러므로 아이에게 시계 보기를 가르치려면 시각과 시간의 개념을 정확히 인식시켜줘야 한다.

시각은 어떤 기준점으로부터 얼마나 떨어져 있는지를 나타내는 위치 개념으로 시간의 어떠한 한 지점을 뜻한다. 영어로는 'a point of time'이라고 한다. '지금은 4시 25분이다'라고 말할 때 여기서 4시 25분은 시각을 의미한다. 이에 반해 시간은 시각과 시각 사이의 거리를 나타내는 양적 개념으로, 영어로는 'a duration of time'이라고 한다. '나는 4시부터 1시간 동안 공부했다'라고 했을 때 여기서 1시간은 바로 시간이다.

✏️ 시계 속에 숨어 있는 진법

1학년 아이들과 생활하다 보면 가장 많이 받는 질문이 바로 "선생님, 지금 몇 시예요?", "선생님, 지금은 몇 교시예요?"와 같이 시각과 시간에 관련된 것들이다. 그만큼 아이들은 시각과 시간에 관심이 많다. 하지만 시계를 보고 읽는 일은 생각만큼 녹록하지 않다.

시계 속에는 온갖 진법이 뒤섞여 있다. 60초가 모이면 1분, 60분이 모이면 1시간인 것처럼 기본적으로 시계는 우리가 흔히 사용하는 10진법 대신 60진법을 토대로 한다. 그리고 하루는 24시간으로, 이는 24진법에 해당한다. 이뿐만이 아니다. 1년은 12개월, 바로 12진법이다. 시계와 시간 속에 60진법, 24진법, 12진법 등이 혼재되어 있는 것이다. 사정이 이렇다 보니 이제 겨우 10진법에 입문한 1학년 아이들 입장에서 보면 시계는 말 그대로 충격 그 자체이다. 잘 모른다고 다그칠 일이 절대 아니다. 그저 자연스럽게 이해할 때까지 차근차근 반복해서 가르쳐주면 그만이다.

✏️ 시계를 보는 방법

시계 속에는 여러 가지 진법이 혼재되어 있기 때문에 시계를 보는 방법은 그리 쉽지 않다. 그러므로 보다 철저하게, 보다 체계적으로, 그리고 조작 중심으로 가르칠 필요가 있다.

• 1단계, 모형 시계 구입하기

시계 보는 방법을 지도하기 위해서는 반드시 모형 시계가 필요하다. 어떤 사람들은 대충 그림으로 그린 시계나 벽에 걸린 시계로 시계 보는 방법을 가르치려고 하는데, 이는 이해력이 부족한 아이들의 경우 어렵게 받아들일 가능성이 다분하다. 그러므로 특별한 사정이 없는 한 모형 시계를 꼭 활용하도록 한다. 모형 시계를 조작하면서 시계 보는 법을 배우면 훨씬 더 재미있을 뿐만 아니라 수학에 대한 흥미 또한 배가시킬 수 있기 때문이다. 문구점에 가면 성능이 좋은 모형 시계를 저렴한 가격에 구할 수 있다.

• 2단계, 시계의 명칭 익히기

모형 시계를 구했다면 모형 시계를 보고 시계의 명칭을 익히게 한다. 시계는 크게 시계판과 바늘로 이루어져 있으며, 시계판에는 눈금과 숫자가 쓰여 있고, 바늘은 시침, 분침, 초침으로 나뉜다. 1학년의 경우 굳이 초침까지 가르칠 필요는 없다. 교과서에는 시침과 분침이 각각 '짧은바늘'과 '긴바늘'로 소개되어 있으므로 같은 용어로 표현해서 아이가 헷갈리지 않게 한다.

• 3단계, 시계판 만들기

한번 시계판을 만드는 활동만으로도 시계에 대한 이해력을 한껏 높여줄 수 있다. 앞서 언급했듯이 시계판은 아이들에게 익숙한 10진법이 아닌 12진법으로 되어 있다. 따라서 반드시 시계판을 직접 그려보면서 구조를 이해할 필요가 있다. 시계판을 만들 때는 가장 먼저 3시, 6시, 9시, 12시가 각각 시계판의 오른쪽, 맨 아래, 왼쪽, 맨 위에 위치한다는 사실을 알려준 다음, 이 숫자들을 정확한 위치에 그릴 수 있게 도와준다. 그후 사이사이에 나머지 숫자들을 그려 넣다 보면 아이는 자연스럽게 시계판의 숫자 배열을 이해하게 된다.

• 4단계, '몇 시' 익히기

시계판을 이해했다면 본격적으로 시계를 보는 연습을 하면 된다. 아이들은 '몇 시'를 읽는 것 정도는 아주 쉽게 생각하고, 또 잘 읽는다. 긴바늘은 12에 고정되어 있고 짧은바늘만 제대로 읽으면 되기 때문이다.

• 5단계, '몇 시 30분(반)' 익히기

'2시 30분'의 읽는 방법을 가르친다면 가장 먼저 모형 시계에 2시를 맞춰보게 한다. 그 후 긴바늘을 천천히 돌려 6을 가리키게 한다. 이때 짧은바늘이 어떻게 되었는지 아이에게 설명하라고 한다. 분명히 짧은바늘은 2와 3 사이에 있을 것이다. 이처럼 긴바늘이 6에 위치해 있고, 짧은바늘이 특정한 숫자와 숫자 사이에 있는 경우를 '몇 시 30분(반)'이라고 알려준다. 그리고 이와 같은 과정을 모형 시계로 충분히 연습시키면 된다. 다만 아이들 중에 몇몇은 '5시 30분'을 '오시 삼십분'이라고 잘못 읽는 경우가 있는데, 이는 시와 분을 읽는 방법의 차이를 잘 몰라서 그런 것이니 차근차근 천천히 가르쳐주면 된다.

• 6단계, '몇 시 몇 분' 익히기

사실 시계를 보고 '몇 시 몇 분'인지 말하는 내용은 2학년 때 나온다. 대부분의 아이들은 '몇 시'와 '몇 시 30분'까지는 어렵지 않게 이해한다.

하지만 '몇 시 몇 분'은 헷갈리는 경우가 비일비재하다. 아이들은 30분이 되기 전의 시각은 잘 틀리지 않는 반면, 30분이 넘어가기 시작하면 대다수가 혼란을 겪는다. 이를 테면 4시 40분을 왕왕 5시 40분이라고 읽는다. 왜냐하면 짧은바늘이 5에 가까이 위치하기 때문이다. 이런 실수를 방지하려면 모형 시계를 가지고 충분히 조작을 해봐야 한다.

5장

초등 1학년 수학 단원별 미리 보기

초등학교 1학년 수학의 내용을 모르는 부모는 없다. 하지만 그 내용을 가지고 아이를 지도하는 일은 아무나 할 수 없다. 아이를 제대로 지도하기 위해서는 내용에 대한 식견이 있어야 한다. 그래야 현명하게, 그리고 숲을 보면서 가르칠 수 있다. 의외로 많은 1학년 학부모나 예비 학부모들이 1학년 수학에 어떤 내용이 있는지조차 모르는 경우를 빈번하게 보았다. 그러다 보니 괜한 두려움을 가지는 경우가 많다. 사실 알고 나면 두려움은 사라지고, 오히려 기대감이 생기기 마련이다. 그런 연유로 이 장에서는 1학년 수학의 11개 단원을 각각 '단원 소개', '단원 내용', '단원 대표 문제', '지도상 유의점'으로 구성해 설명했다.

★ 단원 소개: 단원의 구성이나 개략적인 내용 등을 소개함

★ 단원 내용: 단원에서 배우는 핵심 내용을 간략하게 훑어보고, 수학 교과의 특성인 연계성을 감안해 이전에 배웠던 내용과 이후에 배울 내용에 대해서도 언급함

★ 단원 대표 문제: 단원의 가장 대표 문제를 제시해 어느 정도 수준으로 공부해야 할지 감을 잡을 수 있게 함

★ 지도상 유의점: 부모가 가정에서 자녀를 지도할 때 활용 가능한 주안점이나 유의점 등을 다룸

이 장을 통해 부모라면 누구나 1학년 수학에 대해 '높이 나는 새'가 되기를 바란다.

1학기 1단원 : 9까지의 수

✏️ 단원 소개

1학년 때 수 세기와 관련된 단원은 모두 세 단원이다. 0부터 9까지의 수를 세는 1학기 1단원, 50까지의 수를 세는 1학기 5단원, 그리고 100까지의 수를 세는 2학기 1단원이다. 총 11개의 단원 중 세 단원이나 할애할 만큼 수 세기는 1학년 수학에서 중요한 위치를 차지한다. 특히 1학기 1단원 '9까지의 수'는 초등학교에 입학해 처음으로 배우는데다 이후에 등장하는 수 세기 단원들의 기초를 닦는다는 의미에서 그 어떤 단원보다 중요하다. 이 단원은 0부터 9까지 수의 개념을 이해한 다음, 각각의 숫자를 읽고 쓰는 내용으로 구성되어 있다. 또한 다양한 수 세기 활동을 통해 수의 양감을 기를 수 있다.

◀1학기 1단원 '9까지의 수'의
도입부이다.

✏️ 단원 내용

이전 학습	본 학습	이후 학습
	● 1부터 9까지 수의 개념을 이해하고, 숫자 읽고 쓰기 ● 0의 개념을 이해하고, 숫자 읽고 쓰기 ● 하나 더 많은 것과 하나 더 적은 것 이해하기 ● 9까지 수의 순서 이해하기 ● 두 수의 크기 비교하기	◎ 50까지의 수(1학년 1학기) ◎ 100까지의 수(1학년 2학기) ◎ 세 자리 수(2학년 1학기) ◎ 네 자리 수(2학년 2학기)

✏️ 단원 대표 문제

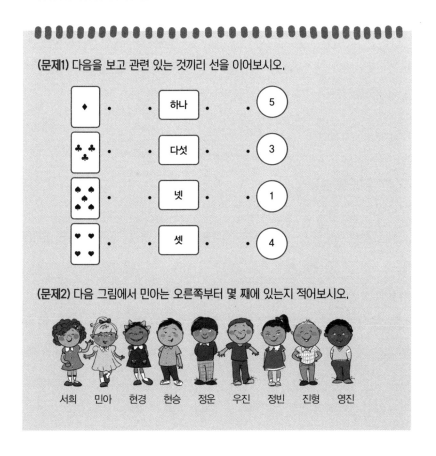

(문제1) 다음을 보고 관련 있는 것끼리 선을 이어보시오.

◆	·	·	하나	·	·	5
♣♣♣	·	·	다섯	·	·	3
♠♠♠♠♠♠	·	·	넷	·	·	1
♥♥♥♥	·	·	셋	·	·	4

(문제2) 다음 그림에서 민아는 오른쪽부터 몇 째에 있는지 적어보시오.

서희 민아 현경 현승 정운 우진 정빈 진형 영진

'문제1'은 이 단원의 가장 기본 문제라고 할 수 있다. 간단한 수를 셀수 있느냐를 알아보는 문제다. 이런 문제의 경우 대부분의 아이들이 잘푼다. 하지만 '문제2' 같은 경우는 오답이 많이 나온다. 이 문제의 정답은 '여덟째'인데, '여덜째', '여덥째'와 같은 오답이 흔하게 등장한다. 그뿐만 아니라 '둘째'나 '두 번째'와 같은 오답도 심심치 않게 보인다. 서

수를 제대로 쓸 줄 모르며, 서수의 정확한 개념 또한 잘 알지 못하기 때문이다. 서수는 기준이 있고, 기준으로부터 수를 세는 것이다. 아이들은 '하나, 둘, 셋, 넷, 다섯…'과 같은 기수는 잘 세면서도 '첫째, 둘째, 셋째, 넷째, 다섯째…'와 같은 서수는 잘 세지 못하는 경향이 있다. 꾸준한 연습이 필요한 부분이다.

🖊 지도상 유의점

대부분의 아이들이 이 단원의 내용 정도는 이미 입학 전부터 알고 있다. 하지만 숫자를 써보라고 한 다음, 정작 그 모습을 보면 말 그대로 기겁하게 된다. 제대로 쓰는 아이들이 드물 지경이다. 숫자 2를 거꾸로 쓰는 아이들부터 숫자 8을 동그라미 두 개 붙여서 쓰는 아이들까지 이루 헤아릴 수 없을 만큼 가지각색이다. 교과서에 나오는 순서에 따라 바르게 쓰는 아이들은 거의 없다고 봐도 무방하다. 조기 교육의 허상이다. 그러니 이제라도 바로잡아줘야 한다. 교과서에 숫자를 쓰는 자세한 순서가 나와 있으니 문제 풀기에 앞서 숫자를 쓰는 법부터 꼼꼼하게 지도해야 한다.

그리고 아이들은 수 읽기를 의외로 헷갈려한다. 물건의 개수만 셀 때는 '하나, 둘, 셋…' 혹은 '일, 이, 삼…'과 같이 잘하지만, 단위가 붙으면 이 둘의 쓰임을 구분하지 못하는 경향이 있다. '연필 삼 자루', '오늘은 세 일', '일학년 둘 반' 등이 대표적인 예이다. 또한 '첫 번째, 두 번째, 세 번째…'와 같이 서수를 세는 일도 익숙하지 않아 '한 번째, 둘 번째, 셋 번째…'와 같이 읽는 경우가 잦다. 그러므로 문제 풀이보다는 입으로 큰 소리를 내며 수를 읽어보게 하는 것이 훨씬 더 효과적이다.

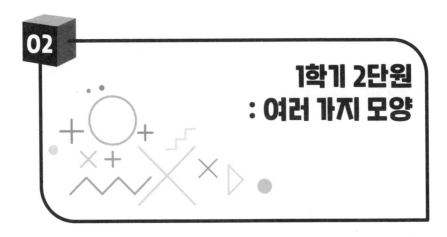

1학기 2단원
: 여러 가지 모양

📝 단원 소개

'여러 가지 모양'이라는 단원명은 1학년 때 학기마다 한 번씩, 총 두 번 등장한다. 1학기 때는 ⬛, 🟦, ⚫과 같은 입체 도형을 배우고, 2학기 때는 ⬛, 🔺, ⚫와 같은 평면 도형을 배운다. 혹시 누군가는 배우는 순서를 보면서 왜 어려운 입체 도형을 평면 도형보다 먼저 배우는지에 대해 의문을 가질 수도 있다. 왜냐하면 우리가 사는 세계는 3차원, 즉 입체 공간이기에 아이들 입장에서 보면 입체 도형이 평면 도형에 비해 보다 더 실질적으로 다가오기 때문이다.

이 단원에서는 ⬛, 🟦, ⚫을 찾아보고 ⬛, 🟦, ⚫을 분류하는 활동을 주로 한다. 더불어 ⬛, 🟦, ⚫을 활용해 여러 가지 모양을 만들어보기도 한다. 대부분의 활동이 직접 해보는 것이기 때문에 아이들은 흥미를 많이 느끼고 적극적으로 참여하는 편이다. 2학년에 올라가면 '여러 가지 도형'이라는 단원이 또 있으니, 1학년은 도형의 맛을 보는 입문 과정 정도로 생각하면 충분하다.

◀1학기 2단원 '여러 가지 모양'의 도입부이다.

✏️ 단원 내용

이전 학습	본 학습	이후 학습
	● 🟫, 🗑️, 🔵 찾기 ● 🟫, 🗑️, 🔵 한눈에 파악하기 ● 🟫, 🗑️, 🔵 분류하기 ● 🟫, 🗑️, 🔵 을 사용해 여러 가지 모양 만들기	◎ ⬛, ▲, 🔵 이해하기(1학년 2학기) ◎ 사각형, 삼각형, 원의 개념 이해하기(2학년 1학기) ◎ 쌓기 나무를 이용해 여러 가지 입체도형 만들기(2학년 2학기)

📐 단원 대표 문제

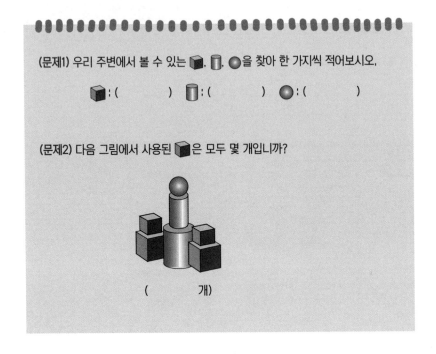

(문제1) 우리 주변에서 볼 수 있는 🔲, 🟦, 🔴을 찾아 한 가지씩 적어보시오.

🔲 : (　　　　　)　🟦 : (　　　　　)　🔴 : (　　　　　)

(문제2) 다음 그림에서 사용된 🔲은 모두 몇 개입니까?

(　　　　개)

'문제1'은 어른들의 시각에서는 굉장히 쉽다. 하지만 1학년 아이들의 수준에서는 결코 만만하지 않다. '문제1'을 맞히려면 일상생활에서 접하는 여러 가지 사물들의 속성 중 크기, 색, 질감 등은 제외하고 오직 형태나 모양만을 추상화할 수 있는 능력이 있어야 한다. 어린아이들이 이런 능력을 갖추기란 굉장히 어렵다. 오히려 아이들에겐 '문제2'가 더 쉽다. 같은 모양이 몇 개 있는지만 집중해서 보고 잘 찾아내면 되기 때문이다. 이런 문제들을 잘 풀기 위해서는 구체적이면서도 다양한 경험이 절대적으로 필요하다.

🖎 지도상 유의점

　교과서에는 단원이 끝나도록 ▪, ▯, ● 과 같은 입체 도형의 이름이 나오지 않는다. 아이들이 직접 지어보게 하는 경우도 있다. 예전에는 상자 모양, 둥근기둥 모양, 공 모양이라고 명칭이 등장했었다. 사실 아이와의 원활한 의사소통을 위해 이런 말들은 사용해도 전혀 문제가 없다. 다만 사각기둥, 원기둥, 구와 같은 정식 명칭은 되도록 자제해야 한다. 단원의 목적이 입체 도형의 정확한 개념을 배우는 것이 아니기 때문이다. 이 단원의 목적은 입체 도형을 살펴봄으로써 직관적인 통찰력을 기르는 것이다. 이런 능력은 문제를 푼다고 해서 길러지는 게 아니라, 여러 가지 사물을 관찰하고, 쌓아보고, 만져보는 다양한 활동을 통해 길러질 수 있다. 따라서 블록이나 쌓기, 나무 놀이 등을 통해 공간 지각 능력을 키워주는 것이 효과적인 공부법이라고 할 수 있다.

1학기 3단원
: 덧셈과 뺄셈

✏️ 단원 소개

덧셈과 뺄셈은 1,2학년 수학에서 가장 중요한 위치를 차지한다. 특히 한 자리 수의 덧셈과 뺄셈은 그중에서도 가장 기초가 된다. 이미 대다수의 아이들이 한 자리 수의 덧셈과 뺄셈 정도는 취학 전에 배우고 입학하기에 크게 내용을 어려워하진 않는다. 더군다나 이 단원에서는 받아 올림이나 받아 내림이 없는 덧셈과 뺄셈만을 다루기 때문에 수 세기를 원활하게 하는 아이라면 내용을 이해하는 데 전혀 무리가 없다. 다만 덧셈과 뺄셈의 각 상황을 제대로 분간하지 못해 덧셈을 뺄셈으로, 뺄셈을 덧셈으로 계산하는 경우가 왕왕 발생한다. 이는 수학적인 문제라기보다는 언어적인 문제이다. 따라서 책읽기를 통해 이해력을 높이는 것이 덧셈과 뺄셈을 잘할 수 있는 길이기도 하다.

◀1학기 3단원 '덧셈과 뺄셈'의 도입부이다.

🖊 단원 내용

이전 학습	본 학습	이후 학습
○ 0부터 9까지의 수	● 수의 가르기와 모으기 ● 받아 올림이 없는 (한 자리 수)+(한 자리 수) ● (한 자리 수)-(한 자리 수) ● 덧셈과 뺄셈의 관계 ● 두 수를 바꾸어 더하기	◎ 10의 가르기와 모으기 (1학년 2학기) ◎ 받아 올림이 없는 두 자리 수의 덧셈(1학년 2학기) ◎ 받아 내림이 있는 (두 자리 수)-(한 자리 수)(1학년 2학기)

✏️ 단원 대표 문제

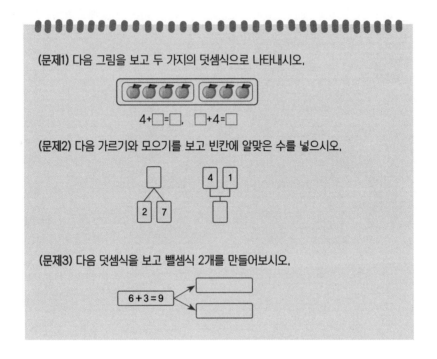

(문제1) 다음 그림을 보고 두 가지의 덧셈식으로 나타내시오.

$4+\square=\square$, $\square+4=\square$

(문제2) 다음 가르기와 모으기를 보고 빈칸에 알맞은 수를 넣으시오.

(문제3) 다음 덧셈식을 보고 뺄셈식 2개를 만들어보시오.

$6+3=9$

'문제1'은 덧셈 개념을 이해하는지를 묻고 있다. 예전에는 '문제1'도 '4+3=□'와 같이 연산 결과를 묻는 형태가 대부분이었다. 하지만 지금은 이런 문제보다는 과정이나 개념을 묻는 문제가 훨씬 더 많다.

'문제2'는 가르기와 모으기에 대해서 묻고 있다. 가르기는 뺄셈의 가장 기본 개념이고, 모으기는 덧셈의 가장 기본 개념이다. 그러니 아무리 강조해도 지나침이 없다.

마지막으로 '문제3'은 아이들이 가장 어려워하는 유형이다. 문제를 계속 푸는데도 이해를 못하니 그냥 외우라고 강요하는 부모들이 많다.

하지만 이는 근본적인 해결책이 될 수 없다. 그러므로 바둑알 같은 구체적인 사물로써 이해를 시켜줘야 한다. 가장 먼저 '6+3'이 9가 되는 상황을 이해시킨 다음, 9에서 3을 빼면 6이 남는다는 '9-3=6'을 지도하면 된다. 이런 식의 활동을 반복하다 보면 아이가 덧셈과 뺄셈의 관계를 이해할 수 있게 된다.

✏️ 지도상 유의점

취학 전에 수학을 전혀 배우지 않은 아이라면 '+', '-', '=', '□' 등의 수학적 기호를 이 단원에서 처음으로 접하게 된다. 이런 기호들은 굉장히 추상적이다. 하지만 덧셈과 뺄셈의 가장 기본이 되는 기호들이기에 개념을 정확하게 알려줄 필요가 있다. 사실 덧셈과 뺄셈은 능숙하게 하면서도 정작 이런 기호들의 개념을 잘 모르는 아이들이 많다. 이를 위해 부모가 먼저 수학적 기호의 개념을 정확히 이해한 다음, 자녀를 지도할 때 활용했으면 한다. 그리고 아이가 이 단원의 핵심인 가르기나 모으기를 어려워한다면 구체적인 사물을 가지고 접근해야 한다. 바둑돌이나 공깃돌 등을 동원해서 가르기나 모으기를 하면 아이가 훨씬 더 쉽게 내용을 배울 수 있다.

덧셈과 뺄셈은 1학년 수학의 가장 중요한 내용이기는 하지만 딱딱하게 흐르기 쉬워 자칫하면 아이가 수학을 싫어하게 될 우려가 있다. 이를 방지하기 위해 덧셈과 뺄셈 과정을 스토리텔링으로 만들어 동화처럼 읽어주면 굉장히 효과적이다. 여기에서는 필자가 실제로 덧셈과 뺄셈을 지도할 때 사용하는 '윗집과 아랫집' 이야기를 소개한다.

• 한집에서 살게 된 사이좋은 윗집과 아랫집 (37 + 19 계산)

① 옛날에 윗집과 아랫집이 있었답니다. 윗집에는 3명의 형님들과 7명의 아그들이 살았습니다. 그리고 아랫집에는 1명의 형님과 9명의 아그들이 살았습니다. 두 집은 사이가 좋았습니다.

② 윗집과 아랫집은 '+' 기호가 등장하면 사이가 더 좋아져서 합체를 하려고 했습니다.

③ 합체하는 데는 한 가지 규칙이 있었습니다. 바로 형님들은 형님들끼리, 아그들은 아그들끼리 합체한다는 것입니다. 합체를 시작할 때 이들은 **"지금부터 합체해봅시다!"**라고 큰 소리로 말했답니다. 우리도 같이 큰 소리로 말해볼까요? **"지금부터 합체해봅시다!"**

④ 합체를 할 때 마음씨가 워낙 착한 형님들은 항상 아그들이 먼저 합체할 수 있게 양보했답니다. "아그들아, 너희들이 먼저 합체해. 우리는 너희들의 합체가 끝나면 할게." (윗집 7명과 아랫집 9명의 아그들이 합체)

⑤ 아그들은 합체할 때 10명이 되면 형님으로 변신할 수 있었습니다. 이때 아그들은 기분이 너무 좋은 나머지 큰 소리로 이렇게 외쳤답니다. **"아싸, 형님으로 변신!"**

⑥ 그래서 아그들 10명은 형님으로 변신하고, 나머지는 아그들 자리에 그대로 남았습니다. (9+7=16이 되어 10은 형님으로 변신하고, 나머지 6은 제자리

에 남음)

⑦ 아그들의 합체가 끝나면 윗집 형님들과 아랫집 형님, 그리고 아그들이 변신해서 탄생한 새로운 형님이 같이 합체합니다. (윗집 형님 3명과 아랫집 형님 1명, 그리고 새로운 형님 1명이 합체해서 5명의 형님이 됨)

⑧ 형님들의 합체가 끝난 후 이제 이들은 더 이상 윗집, 아랫집이 아닌 한집 식구가 되었답니다. 한집 식구가 된 윗집과 아랫집은 오래오래 행복하게 살았습니다.

• 사이좋은 윗집과 콩가루 같은 아랫집의 싸움(37-19 계산)

① 옛날에 윗집과 아랫집이 있었답니다. 윗집에는 3명의 형님들과 7명의 아그들이 살았습니다. 그리고 아랫집에는 1명의 형님과 9명의 아그들이 살았습니다. 윗집은 형님들과 아그들의 사이가 아주 좋아서 서로 도우며 살았지만, 아랫집은 형님과 아그들의 사이가 아주 좋지 않은 콩가루 집안이었답니다.

② 윗집과 아랫집은 '-' 기호가 등장하면 아주 사이가 나빠져서 치고박고 싸웠습니다. 싸울 때는 두 가지 규칙이 있었습니다. 첫 번째는 아그들은 아그들끼리 형님들은 형님들끼리 싸운다는 것이고, 두 번째는 아그들이 먼저 싸운 다음에 형님들이 싸운다는 것이었습니다.

③ 윗집의 아그들은 아랫집의 아그들과 싸워서 지는 것을 무척이나 싫어했습니다. 그래서 수가 적어질 것 같으면 곧바로 형님들에게 도움을 요청했습니다. 그럴 때 윗집 아그들은 큰 소리로 **"형님, Help me!"**

라고 외쳤습니다. 그러면 윗집 형님은 마음씨가 좋아서 아그들을 도와 주러 갔습니다. 아랫집 아그들도 똑같이 도움을 요청하지만 워낙 사이가 좋지 않기 때문에 형님은 모르는 척하고 도와주지 않았습니다. (받아내림 상황 설명)

④ 윗집 형님은 아그들을 도와주러 갈 때 기분이 좋아서 **"빠라바라바라밤, 아그들로 변신!"** 하면서 10명의 아그들로 변신했습니다. 이미 싸우고 있던 아그들과 아그들로 변신한 형님이 힘을 모아 아랫집 아그들을 물리쳤습니다. (1의 자리 계산 과정으로 17-9=8)

⑤ 아그들의 싸움이 끝나자마자 형님들의 싸움이 시작됐습니다. 윗집과 아랫집의 형님들이 서로 싸우지만 싸움은 항상 윗집 형님의 승리로 끝나기 때문에 결국 최종 승리는 윗집의 차지가 되었습니다. (10의 자리 계산 과정으로, 윗집 형님 2명과 아랫집 형님 1명이 싸워 결과적으로 윗집 형님 1명만 남게 됨)

⑥ 그리하여 단결이 잘되고 서로 도와주는 윗집은 콩가루 같은 아랫집을 이기고 행복하게 살았답니다.

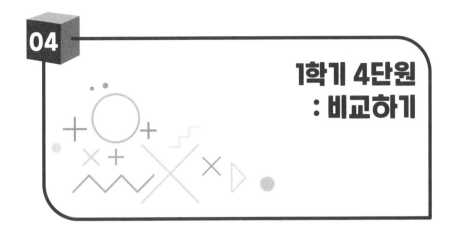

1학기 4단원 : 비교하기

✏️ 단원 소개

아이는 자라면서 주변 대상들을 살펴보며 비슷한 점이나 다른 점을 비교하고 싶어 한다. 그중에 가장 대표적인 것이 길이, 높이, 키, 무게, 넓이, 들이 등이다. 사실 비교하기는 생활 속에서 자연스럽게 필요성이 생기는 개념이라고 할 수 있다. 이 단원은 측정의 기초를 다루므로 여러 대상을 비교하기 위해서 임의 단위 혹은 보편 단위를 도입하진 않는다. 그저 눈으로 보면서 직관적으로 비교하거나, 직접적으로 대상을 서로 대보며 비교하는 활동을 할 뿐이다. 그래서 이러한 과정을 통해 수학의 유용성을 깨닫고 수학에 대한 흥미를 가질 수 있게 했다.

▶1학기 4단원 '비교하기'의
도입부이다.

✏️ 단원 내용

이전 학습	본 학습	이후 학습
○ 두 수의 크기 비교하기 ○ 여러 가지 모양 비교하기	● 비교하기의 의미와 필요성 알기 ● 두세 가지의 '길이, 높이, 키, 무게, 넓이, 들이'를 직관적 또는 직접 비교하기 ● 비교한 결과를 여러 가지 말로 표현하기	◎ 직접 비교와 간접 비교의 상황 알기 (2학년 1학기) ◎ 임의 단위의 불편한 점 알기 (2학년 1학기) ◎ 보편 단위의 필요성과 1cm의 개념 알기(2학년 1학기) ◎ 어림하고 길이 재기(2학년 1학기)

✏️ 단원 대표 문제

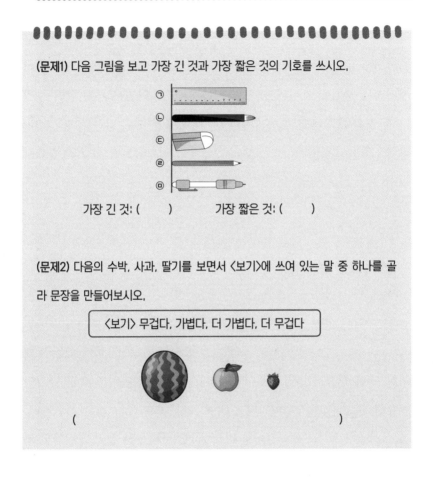

(문제1) 다음 그림을 보고 가장 긴 것과 가장 짧은 것의 기호를 쓰시오.

가장 긴 것: (   )   가장 짧은 것: (   )

(문제2) 다음의 수박, 사과, 딸기를 보면서 〈보기〉에 쓰여 있는 말 중 하나를 골라 문장을 만들어보시오.

〈보기〉 무겁다. 가볍다. 더 가볍다. 더 무겁다

(   )

비교하기 단원에 등장하는 문제들은 비교적 쉽다. 대부분의 문제들이 눈으로 자세히 살펴보는 것만으로도 답을 찾을 수 있다. 하지만 '문제1'과 같이 비교하는 대상이 여러 개인 경우 헷갈려하는 아이들이 있다. 그러므로 구체적인 사물을 비교할 때 두세 개 정도만 놓고 비교할 것이 아니라, 그 이상을 놓고 서로 비교하는 것도 필요하다.

'문제2' 같은 경우는 비교하는 말, 즉 '길다, 짧다', '높다, 낮다', '크다, 작다', '무겁다, 가볍다', '넓다, 좁다', '많다, 적다'를 적절하게 사용할 수 있는지를 묻고 있다. 대부분의 아이들이 잘 풀긴 하지만 다소 정교함이 떨어지는 경향을 보이기도 한다. 이를 테면 '수박이 사과보다 더 무겁다'가 정확한 표현인데, '수박이 사과보다 무겁다'로 답하는 경우이다. 그러므로 비교하기에서는 표현의 정교함과 정확함까지 신경 쓸 필요가 있다.

✏️ 지도상 유의점

이 단원은 측정 영역의 입문 단계이다. 사실 측정의 구체적인 단위 (cm, g, ml 등)는 2학년 때부터 차례대로 배운다. 그래서 1학년 때는 구체적인 단위 대신 직관적 또는 직접 비교를 통해 직관력과 측정 단위의 필요성 정도를 짚고 넘어간다. 그렇기 때문에 가급적 많은 체험 활동을 실시한다. 예를 들어 길이를 비교할 때 두 사물의 길이가 현격히 차이 나서 직접 대볼 필요가 없는 경우도 있지만, 길이가 엇비슷해 직접 대봐야 하는 경우라면 반드시 그렇게 해야 한다. 만약 물건의 물리적인 크기나 무게 때문에 직접 대볼 수 없다면 어떤 방법이 있을지 아이가 고민하게끔 해야 한다.

그리고 길이, 높이, 키, 무게, 넓이, 들이를 비교하는 말인 '길다, 짧다’, ‘높다, 낮다’, ‘크다, 작다’, ‘무겁다, 가볍다’, ‘넓다, 좁다’, ‘많다, 적다’를 정확히 구별해서 쓸 수 있게 지도해야 한다. 조금만 주의를 기울여보면 이런 말에 익숙하지 않은 아이들이 의외로 많다. 이를 테면 ‘키가 높다’라든지 ‘양이 무겁다’, ‘키가 길다’ 등과 같이 어울리지 않는 표현을 빈번히 쓰는 경향이 있다. 이 같은 현상은 표현의 미숙함에서 오는 것이므로 비교하는 말이 들어간 대표적인 문장을 만들어서 많이 읽어보게끔 연습시키면 된다. 예를 들면 ‘길이가 길다/짧다’, ‘높이가 높다/낮다’, ‘키가 크다/작다’, ‘무게가 무겁다/가볍다’, ‘넓이가 넓다/좁다’, ‘양이 많다/적다’와 같은 식이다.

1학기 5단원
: 50까지의 수

✏️ 단원 소개

1학년 첫 단원에서 이미 9까지의 수를 배웠다. 그리고 2학기 첫 단원에서는 100까지의 수에 대해 배운다. 이 단원은 두 단원의 징검다리 혹은 허리 역할을 담당한다. 이 단원에서는 50까지의 수를 읽는 방법을 배우고, 이를 통해 수나 사물을 세는 활동을 진행한다. 더불어 10진법의 원리를 익히기 위한 10씩 묶기 활동과 두 수의 크기 비교, 홀수와 짝수의 개념 등에 대해서도 배운다. 이 단원을 배우는 시기는 무더위가 기승을 부리는 7월이다. 여름 방학 직전에 배우기 때문에 자칫하면 소홀하기 쉽다. 가정의 관심이 특히 더 필요한 단원이다.

◀1학기 5단원 '50까지의 수'의 도입부이다.

📝 단원 내용

이전 학습	본 학습	이후 학습
○ 0부터 9까지의 수를 읽고 쓰기 ○ 9까지 수의 순서 알기 ○ 1 큰 수, 1 작은 수 알기 ○두 수의 크기 비교하기	● 10 알기 ● 50까지의 수를 읽고 쓰기 ● 10개씩 묶음과 낱개로 수를 이해하기 ● 두 수의 크기 비교하기 ● 50까지 수의 순서 알기 ● 짝수와 홀수 알기	◎ 100까지의 수를 알고 읽고 쓰기 (1학년 2학기) ◎ 세 자리 수를 알고 읽고 쓰기 (2학년 1학기) ◎ 세 자리 수의 크기 비교하기 (2학년 1학기)

📝 단원 대표 문제

(문제1) 다음 ☐ 안에 알맞은 수를 넣으시오.

34는 10개씩 ☐ 묶음과 낱개 ☐개입니다.

(문제2) ( ) 안에 알맞은 말을 써넣으시오.

마흔다섯 - (   ) - 마흔일곱 - (   ) - 마흔아홉 - (   )

(문제3) 다음에서 설명하는 수를 구하시오. (   )

- 짝수입니다.
- 20과 30 사이에 있는 수입니다.
- 낱개의 수가 2입니다.

'문제1'과 '문제2'는 이 단원의 가장 기본 문제이다. 11부터 50까지 수의 개념을 알고, 그 수를 제대로 읽을 수 있느냐를 묻는 문제이다. 특히 '문제1'의 경우 '몇 십 몇'인 수를 '10개씩 몇 묶음 낱개 몇 개'로 표현하게 함으로써 기수법의 가장 기본 원리를 배울 수 있다.

그리고 '문제3'은 1학년 아이들에겐 상당히 난이도가 높은 응용문제라고 할 수 있다. 주어진 조건을 하나하나 따지면서 답을 좁혀 나가는 능력이 있어야만 맞힐 수 있는 문제이다.

🖊 지도상 유의점

수 세기를 지도할 때는 말로만 하는 것보다는 교구를 이용하면 훨씬 더 효율적이다. 가장 대표적인 것이 바로 '수 모형 세트'이다. 수 모형은 추상적인 수를 눈으로 보고 직접 만질 수 있게 구체적인 대상으로 표현한 교구이다. 낱개 10개가 모여 10

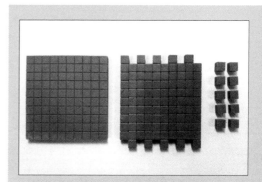

▲ 초등 1학년 수학에서 가장 많이 활용되는 수 모형 세트. 100 모형, 10 모형, 1 모형 이렇게 세 가지로 구성돼 있다.

이 되고, 10이 10개 모여 100이 되는 과정을 직접 눈으로 보고 손으로 만지면서 익힐 수 있기 때문에 수 개념 형성에 곤란을 겪는 아이들에게 특히 효과적이다. 만약 수 모형 세트를 구입하기 힘들다면 바둑돌이라도 활용해보길 권한다. 바둑돌 10개가 모였을 때 컵에 담는 식으로 가르치면 수 모형과 같은 효과를 거둘 수 있다.

수는 순서대로 세는 것도 중요하지만, 이를 너무 싱겁게 생각하는 아이한테는 뛰어 세기나 거꾸로 세기를 권장한다. 뛰어 세기는 추후에 구구단을 외울 때 기초가 되며, 거꾸로 세기는 빼기의 기본이 된다. 사실 뛰어 세기나 거꾸로 세기는 중상위권 아이들에게도 그리 쉬운 과제는 아니지만, 한번 도전해볼 만하다.

수학은 교과목 중 가장 많은 공부 시간을 필요로 하며, 과목의 특성상 그 시간을 집중적으로 사용할 필요가 있다. 그렇기 때문에 방학은 부족한 공부 시간을 보충하거나 실력을 한 단계 높일 수 있는 절호의 기회이다. 여름 방학 동안 허송세월한다면 2학기가 위태로워질 수 있다. 여기서는 수학이 부족한 아이와 수학을 잘하는 아이를 구분해 효과적인 여름 방학 수학 공부법을 소개한다.

수학이 부족한 아이(평소 단원 평가 90점 이하)

ⓘ 예습보다는 복습 위주로 학습 계획을 세운다
1학기 수학 교과서를 다시 한 번 풀어보는 방식의 복습을 권한다. 이렇게 복습을 한 다음에도 시간이 허락한다면 2학기 수학 교과서를 한 번 훑어보는 정도의 계획을 세워 실천한다.

ⓘ 수학이 부족한 원인을 생각한다
수학 자체에 흥미를 잃은 경우, 방학 때 문제를 풀기보다는 놀이 수학 등을 통해 잃어버린 흥미를 되찾는 일이 우선이다. 만약 그 정도가 심하다면 수학 캠프에 참가하는 것도 좋은 방법이 될 수 있다.

① 수학 공부 습관을 들인다

수학 공부의 대원칙은 '매일 조금씩' 하는 것이다. 방학 중에 '매일 교과서 3장 풀기' 혹은 '매일 문제집 3장 풀기' 정도를 꾸준히 하게 한다. 이는 수학 공부 습관을 들이기 위한 훈련으로 휴가 기간에도 예외를 두지 말아야 한다.

수학을 잘하는 아이(평소 단원 평가 90점 이상)

① 복습보다는 예습 위주의 학습 계획을 세운다

학기 중에 풀었던 문제집에서 틀린 문제를 다시 풀어보는 정도의 복습을 한 다음, 일단 수학 교과서로 2학기 예습을 시작한다. 교과서를 꼼꼼하게 읽고 문제를 풀어보면 된다.

① 자기 실력에 맞는 2학기 문제집을 한 권 정도 풀어본다

기본, 심화, 실력 등으로 난이도가 구분된 문제집 중에서 자신의 실력에 맞는 문제집을 골라 매일매일 꾸준히 풀어나간다.

① 수학 동화를 많이 읽는다

수학 동화는 재미있을 뿐만 아니라 수학에 대한 배경지식 또한 쌓을 수 있기 때문에 많이 읽으면 읽을수록 좋다. 수학 동화를 많이 읽으면 추후에도 수학을 잘할 수 있는 확률이 굉장히 높다.

06

2학기 1단원
: 100까지의 수

✏️ 단원 소개

1학기 때 0부터 50까지 배운 내용을 바탕으로 51부터 100까지 배우는 단원이다. 자칫 딱딱해질 수 있는 내용을 고려해 도입부는 할머니의 생신 잔치를 하는 장면으로 시작한다. 할머니 생신 잔칫상에 과일이나 떡이 몇 개인지, 목걸이 선물의 구슬은 몇 개인지, 꽃다발의 꽃은 몇 송이인지를 세면서 단원이 전개된다. 일상에서 흔하게 겪을 수 있는 일상 소재를 통해 아이들에게 흥미와 재미를 유발시키기 위한 배려이다. 1학기 때 50까지의 수 세기와 읽기 등을 원활하게 익힌 아이라면 그리 어렵지 않게 배울 수 있는 내용이다.

◀2학기 1단원 '100까지의
수'의 도입부이다.

📝 단원 내용

이전 학습	본 학습	이후 학습
○ 50까지의 수 읽고 쓰기 (1학년 1학기) ○ 50까지의 수 크기 비교 하기(1학년 1학기)	● 60, 70, 80, 90 알기 ● 60, 70, 80, 90 읽고 쓰기 ● 99까지의 수를 알고 읽고 쓰기 ● 100 알기 ● 100까지 수의 순서 알기 ● 100까지 두 수의 크기 비교하기	◎ 1000까지의 수를 알고 읽고 쓰기(2학년 1학기) ◎ 세 자리 수의 크기 비교하기(2학년 1학기)

✏️ 단원 대표 문제

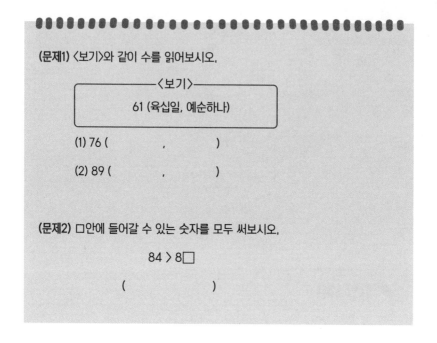

(문제1) 〈보기〉와 같이 수를 읽어보시오.

┌─────────〈보기〉─────────┐
│ 61 (육십일, 예순하나) │
└──────────────────────────┘

(1) 76 (,   )

(2) 89 (,   )

(문제2) □안에 들어갈 수 있는 숫자를 모두 써보시오.

84 〉 8□

(   )

'문제1'은 이 단원의 가장 기본 문제이다. 하지만 이런 문제조차도 틀리는 아이들이 제법 된다. '89'를 '팔십아홉'이나 '여든구'라고 쓴다. 수 세기는 입에 붙어서 술술 나와야 하는데 그렇지 않기 때문이다. 경우에 따라서는 생각보다 많은 연습이 필요한 내용이 바로 수 세기이다.

'문제2'는 난이도가 높은 축에 속한다. 이런 문제를 내면 절반 이상이 틀린다. 문제의 의미를 모르기 때문이다. 하지만 '십의 자리가 8로 시작하면서 84보다 작은 수를 말해보세요'라는 문장으로 풀어주면 많은 아이들이 그제야 쉽게 알아듣는다. 수학을 잘한다는 것은 수식을 일상 언어나 자기 언어로 해석해낼 수 있다는 뜻이다. 그러므로 기본적인 수식부터 일상 언어로 바꿔서 말해보는 연습이 반드시 필요하다.

✏️ 지도상 유의점

100까지를 읽고 쓰는 수 세기는 말로 표현할 수 없을 만큼 중요하다. 그렇기 때문에 1학년 때 충분히 익히고 훈련해야 한다. 입학 전부터 꾸준히 이 내용을 배웠음에도 불구하고 여전히 어려워하는 아이들이 많다. 이를 테면 '61'을 읽는 두 가지 방법, 즉 '육십일'과 '예순하나'를 헷갈려 이를 뒤섞어서 말한다. 이런 아이들에게는 '십, 이십, 삼십 … 구십, 백' 또는 '열, 스물, 서른 … 아흔, 백'과 같이 10씩 뛰어 세는 연습을 많이 시키면 좋다.

그리고 수를 셀 때 수 모형을 적극 활용해볼 것을 권한다. 교과서에서도 '63'을 설명할 때 '10개씩 6묶음과 낱개 3개'라고 하면서 수 모형 그림을 예로 든다. 그림으로만 보는 것보단 직접 수 모형을 만지고 조작하면 훨씬 더 깊이 수 개념을 이해할 수 있다.

▲ 수학 교과서에서 '75'를 배우는 부분. 수 모형을 활용해 설명하고 있다. 이처럼 수 세기를 할 때 수 모형을 활용하면 다소 어려운 내용도 쉽게 이해할 수 있게 된다.

2학기 2단원
: 덧셈과 뺄셈 (1)

✏️ 단원 소개

1학기 때 이미 받아 올림이 없는 (한 자리 수)+(한 자리 수)와 받아 내림이 없는 (한 자리 수)-(한 자리 수) 연산을 배웠다. 이어서 이 단원에서는 두 자리 수로 범위를 확장한 덧셈과 뺄셈을 다룬다. 1학년 때 배우는 내용 중에 가장 중요하다고 할 수 있다. 2학기 5단원에서 똑같은 이름인 '덧셈과 뺄셈 ⑵'로 연관 내용이 다시 한 번 더 나오는 것만 봐도 중요성을 알 만하다. 사실 이 단원은 아이에 따라서는 가장 어려워할 수 있는 내용을 담고 있기도 하다. 덧셈과 뺄셈이 어렵다기보다는 이를 활용한 응용문제가 워낙 다양하기 때문이다. 그래서 너무 많은 문제를 풀려고 하기보다는 한 문제라도 제대로 푸는 것이 나으며, 특히 서술형 문제 풀이 요령을 터득하는 것이 중요하다.

◀2학기 2단원 '덧셈과 뺄셈
(1)'의 도입부이다.

🖊 단원 내용

이전 학습	본 학습	이후 학습
○ 받아 올림이 없는 한 자리 수의 덧셈(1학년 1학기) ○ 받아 내림이 없는 한 자리 수의 뺄셈(1학년 1학기) ○ 한 자리 수의 가르기와 모으기(1학년 1학기)	● 받아 올림이 없는 (두 자리 수)+(한 자리 수) (두 자리 수)+(두 자리 수) ● 받아 내림이 없는 (두 자리 수)−(한 자리 수) (두 자리 수)−(두 자리 수) ● 한 자리 수인 세 수의 혼합 계산 ● 덧셈과 뺄셈의 관계	◎ 10의 가르기와 모으기 (1학년 2학기) ◎ 받아 올림이 있는 두 자리 수의 덧셈(2학년 1학기) ◎ 받아 내림이 있는 두 자리 수의 뺄셈(2학년 1학기)

✏️ 단원 대표 문제

(문제1) 다음 계산을 하시오.

   (1) 20+6=□

   (2) 85-4=□

(문제2) 다음 계산을 하시오.

$$9-4-1=□$$

```
        9 ┌→ □
      - 4 └- 1
     ─────────
    □      □
```

(문제3) 윤재, 성호, 민재는 딱지치기를 하고 있습니다. 윤재는 8개, 성호는 7개,

민재는 5개의 딱지를 가지고 있습니다. 윤재는 2개를 잃었고, 성호는 1개를 잃었

으며, 민재는 3개를 땄습니다. 가장 많은 딱지를 갖게 된 사람은 누구이며, 몇 개

를 가지고 있습니까?

   '문제1'과 같은 단순 연산 문제는 예전에는 시험에 자주 등장했지만
요즘은 거의 자취를 감췄다. 그 대신 '문제2'처럼 단순 연산 문제라 할
지라도 과정을 묻는 유형이 많이 출제된다. '문제2'는 아이들의 오답률
이 다소 높은 편인데, 이는 대개 수식을 해석할 줄 몰라서 벌어진다. 그

러므로 교과서를 많이 읽어보면서 수식에 익숙해져야 한다.

'문제3'은 아이들이 가장 어려워하는 유형이다. 서술형 문제로 문제 길이 자체가 어마어마하게 길다. 1학년 중 이해력이 부족한 아이들은 문제를 읽다가 "미치겠다"며 괴성을 지르곤 한다. 어떤 아이들은 무슨 말인지 모르겠다며 울먹이기도 한다. 사실 이런 문제는 엄밀히 말하면 수학보다는 국어 실력을 묻고 있다. 이런 문제를 잘 풀 수 있게 하려면 책읽기를 통해 이해력을 높이는 것 외에는 달리 뾰족한 방법이 없다.

📏 지도상 유의점

아이의 덧셈과 뺄셈 실력을 높이기 위해서 엄청난 양의 문제를 풀게 하는 부모들이 있다. 하지만 이는 반드시 다시 한 번 생각해봐야 한다. 덧셈과 뺄셈은 응용문제가 굉장히 많다. 주변의 모든 것들이 응용문제의 소재가 될 수 있다는 이야기다. 상황이 이런데 문제를 많이 푼다고 해서 과연 응용문제에 대한 적응력이 키워질까. 그저 부모의 순진한 바람일 뿐이다.

하지만 가장 대표적인 문제의 기본 유형은 익힐 필요가 있다. 이는 교과서만으로도 충분하다. 교과서를 많이 읽어보고, 교과서에 있는 문제를 몇 번 반복해서 풀어보면 된다. 그러고도 시간이 남는다면 차라리 책읽기를 시킬 일이다. 책읽기를 해야만 이해력뿐만 아니라 상상력, 창의력, 응용력 등이 좋아져 종국에는 수학 문제 또한 잘 풀 수 있기 때문이다.

08

2학기 3단원
: 여러 가지 모양

✏️ 단원 소개

　유치원 때부터 종이접기 등을 통해 많이 접해봤을 ■, ▲, ●를 직관적으로 파악하는 활동이 주를 이루는 단원이다. 그래서인지 대부분의 아이들이 이 단원을 쉽고 재미있게 생각한다. 단원의 도입부는 교실벽과 바닥을 ■, ▲, ● 등으로 아름답게 꾸민 모습을 제시해서 아이들로 하여금 흥미와 호기심을 가질 수 있게 했다. ■, ▲, ●의 특징을 기본 내용으로 두고, 이 같은 모양들을 활용해 사람, 배, 동물 등을 그려보는 활동이 추가적으로 구성돼 있다. 이 단원을 통해 아이들은 도형, 즉 여러 가지 모양에 친숙해질 뿐만 아니라 수학의 유용성 또한 느낄 수 있을 것이다. ■, ▲, ●의 특징을 기본 내용으로 두고, 이 같은 모양들을

176

◀2학기 3단원 '여러 가지 모양'의 도입부이다.

활용해 사람, 배, 동물 등을 그려보는 활동이 추가적으로 구성돼 있다. 이 단원을 통해 아이들은 도형, 즉 여러 가지 모양에 친숙해질 뿐만 아니라 수학의 유용성 또한 느낄 수 있을 것이다.

✏️ 단원 내용

이전 학습	본 학습	이후 학습
○ ⬛,🔲,🔵 찾기 (1학년 1학기) ○ 🔲,🔳,🔵 한눈에 파악하기(1학년 1학기) ○ ⬛,🔲,🔵 분류하기 (1학년 1학기) ○ 🔲,🔲,🔵을 사용해 여러 가지 모양 만들기(1학년 1학기)	● ■,▲,● 찾기 ● ■,▲,● 한눈에 파악하기 ● ■,▲,● 분류하기 ● ■,▲,●를 사용해 여러 가지 모양 만들기	◎ 원, 삼각형, 사각형, 오각형, 육각형에 대한 개념 이해 (2학년 1학기) ◎ 도형으로 다양한 모양 만들기 (2학년 1학기)

✏️ 단원 대표 문제

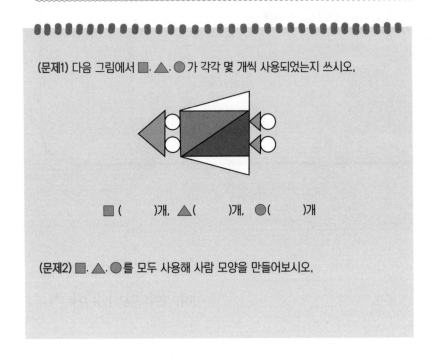

(문제1) 다음 그림에서 ■, ▲, ●가 각각 몇 개씩 사용되었는지 쓰시오.

■ (   )개, ▲(   )개, ●(   )개

(문제2) ■, ▲, ●를 모두 사용해 사람 모양을 만들어보시오.

1학년 아이들은 ■, ▲, ●가 따로 떨어져 있을 때는 어떤 모양인지 금세 알아차린다. 하지만 이 모양들이 '문제1'처럼 섞여 있을 때 각각의 모양을 찾아내라고 하면 헷갈려한다. 이는 감각 기관이 덜 발달되었기 때문이기도 하지만 ■, ▲, ●의 특성을 정확히 잘 모르기 때문이기도 하다. 그러므로 서로 다른 모양의 특성을 조금 더 확실하게 가르칠 필요가 있다. 그리고 '문제2'처럼 ■, ▲, ●를 이용해 다양한 모양 만들기를 많이 하다 보면 관련 감각을 자연스럽게 습득할 수 있다.

✏️ 지도상 유의점

예전에는 ■, ▲, ●를 각각 네모, 세모, 동그라미라고 불렀다. 하지만 교과서가 개정되면서 이런 명칭들이 사라졌다. 교과서를 아무리 뒤져봐도 명칭은 나오지 않고 본인이 이름을 짓게 되어 있다. 대부분 아이들은 ■, ▲, ●를 네모, 세모, 동그라미라고 부르거나, 사각형, 삼각형, 원이라고 부른다. 크게 문제 되지 않는다. 다만 1학년 과정에서는 정확한 명칭보다는 모양에 대한 직관적인 파악이 더 중요할 뿐이다.

이 단원에서 가장 강조하고 싶은 내용은 절대 문제집만 풀면서 공부하지 말라는 것이다. 반드시 몸으로 공부해야 한다. 색종이를 활용해 ■, ▲, ●를 그려보고 오려보게 한다든지, 집 안을 돌아다니면서 ■, ▲, ●를 찾아보게 해야 한다. 이는 아이들이 정말 좋아하는 활동일 뿐만 아니라 개념을 확실하게 다지는 역할을 한다.

09

2학기 4단원
: 덧셈과 뺄셈 (2)

✏️ 단원 소개

1학년 아이들이 덧셈과 뺄셈을 하면서 가장 어려워하는 부분은 단연 받아 올림과 받아 내림이다. 받아 올림과 받아 내림은 덧셈과 뺄셈의 '깔딱 고개'라고 할 수 있다. 이 고개만 잘 넘으면 그 이후는 내리막길이라 수월하다. 이를 잘 넘기 위해서는 10의 가르기와 모으기를 잘해야 한다. 10의 가르기와 모으기만 원활하게 된다면 받아 올림과 받아 내림은 거의 다 이해한 것이나 다름없다. 이 단원에서는 10의 가르기와 모으기부터 받아 올림과 받아 내림이 있는 한 자리 수끼리의 덧셈과 뺄셈까지를 배운다. 이 내용의 경우 잘 모르고 넘어가면 이후에 등장하는 덧셈과 뺄셈에서 아주 애를 먹을 가능성이 높다. 교과서에 받아 올림과

받아 내림이 있는 덧셈과 뺄셈 과정이 아주 친절하게 잘 나와 있으니
반복해서 볼 필요가 있다.

◀2학기 4단원 '덧셈과 뺄셈
(2)'의 도입부이다.

✏️ 단원 내용

이전 학습	본 학습	이후 학습
○ 수의 가르기와 모으기 (1학년 1학기) ○ 덧셈과 뺄셈의 관계 (1학년 1학기) ○ 받아 올림이 없는 두 자리 수의 덧셈 (1학년 1학기) ○ 받아 내림이 없는 두 자리 수의 뺄셈 (1학년 1학기)	● 10의 가르기와 모으기 ● 10이 되는 더하기, 10에서 빼기 ● 합이 10이 되는 두 수를 이용한 세 수의 덧셈 ● (몇)+(몇)=(십 몇) ● (십 몇)-(몇)=(몇)	◎ 받아 올림이 있는 두 자리 수의 덧셈 (2학년 1학기) ◎ 받아 내림이 있는 두 자리 수의 뺄셈 (2학년 1학기) ◎ 세 수의 혼합 계산 (2학년 1학기)

✏️ 단원 대표 문제

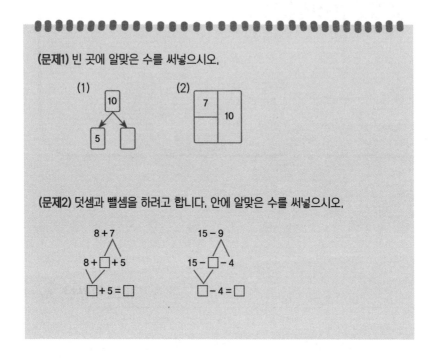

(문제1) 빈 곳에 알맞은 수를 써넣으시오.

(1)

(2)

(문제2) 덧셈과 뺄셈을 하려고 합니다. 안에 알맞은 수를 써넣으시오.

8 + 7

8 + □ + 5

□ + 5 = □

15 − 9

15 − □ − 4

□ − 4 = □

이 단원의 가장 핵심은 '10의 가르기와 모으기'이다. 문제도 이를 다루는 것들이 대부분이다. '문제1'처럼 10의 가르기나 모으기를 다양한 그림을 동원해서 묻곤 한다. 이 정도까지는 대부분의 아이들이 잘한다. 하지만 '문제2'는 아이들이 다소 어려워한다. 받아 올림과 받아 내림이 있는 덧셈과 뺄셈의 과정을 묻는 문제이기 때문이다. 수의 가르기와 모으기를 모르는 아이들은 이 문제의 뜻조차 이해하지 못한다. 받아 올림과 받아 내림의 기본은 '10 만들기'이다. 이 과정에서 수의 가르기와 모으기가 자유자재로 이뤄질 수 있어야 한다. 만약 아이가 이런 문제를

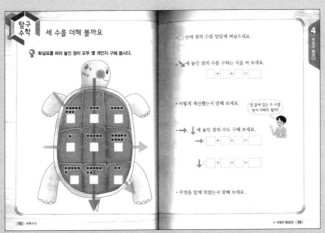

▲ 교과서에 나온 수학 놀이. 아이들은 이런 놀이를 하면서 조금 더 쉽고 재미있게 덧셈과 뺄셈을 배워나간다.

어려워한다면 좀 수고스럽더라도 1학기 3단원 덧셈과 뺄셈을 다시 공부할 필요가 있다.

✏️ 지도상 유의점

덧셈과 뺄셈이라고 해서 연산 훈련만 반복하게 하는 건 곤란하다. 아이들이 수학에 대한 흥미를 급격히 잃을 수 있다. 그 대신 놀이를 통해 덧셈과 뺄셈을 배우면 연산 능력의 향상뿐만 아니라 재미 또한 느낄 수 있다. 어떤 놀이를 어떻게 진행해야 할지 도무지 모르겠다고 하소연하는 부모들이 많은데, 걱정할 것이 하나도 없다. 교과서에 나와 있는 콩주머니 놀이라든지 이 책 7장에 소개된 수학 놀이 부분에 다양하게 소개된 놀이만으로 충분하다. 집에서 아이에게 수학 문제만 풀라고 다그치지 말고 이런 수학 놀이를 통해 아이에게 수학의 재미를 붙여주는 것이 궁극적으로 수학을 잘할 수 있는 지름길이다.

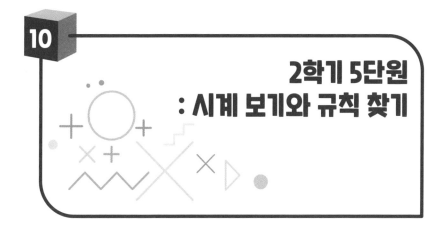

10

2학기 5단원
: 시계 보기와 규칙 찾기

🖊 단원 소개

　1학년 아이들이 교사에게 가장 많이 하는 질문 중 단연 1위는 "지금 몇 시예요?" 혹은 "지금 몇 교시예요?"이다. 그만큼 아이들은 시각과 시간에 관심이 많으며 그 속에서 살고 있다. 이런 의미에서 시계를 읽는 방법은 그 어떤 다른 측정 영역보다 중요도가 높다. 이 단원을 배움으로써 아이들은 시계를 보고 몇 시, 몇 시 30분 등을 읽을 수 있게 된다. 그뿐만 아니라 자신의 일상생활도 아침, 점심, 저녁 등에서 시간 단위로 좀 더 세분화되는 계기를 맞이할 수 있다.

　이 단원에서는 물체, 무늬, 수 배열에서 규칙 찾기 내용도 다룬다. 나중에 함수의 기초가 되는 내용이지만 아이들이 재미있어 하고 내용도 어렵지 않아 크게 부담 느끼지 않아도 된다.

◀2학기 5단원 '시계 보기와 규칙 찾기'의 도입부이다.

✏️ 단원 내용

이전 학습	본 학습	이후 학습
○ 한 자리 수의 이해 (1학년 1학기) ○ 두 자리 수의 이해 (1학년 1학기)	● 시각의 쓰임 알기 ● 몇 시 알기 ● 몇 시 30분 알기 ● 생활에서 시각 말하기 ● 물체, 무늬, 수 배열에서 규칙 찾기	◎ 1분 단위 시각 읽기 (2학년 2학기) ◎ 초 단위 시각 읽기 (3학년 1학기) ◎ 자신이 정한 규칙에 따라 물체, 무늬, 수 배열하기 (2학년 1학기)

📝 단원 대표 문제

(문제1) 다음 시각을 시계에 나타내보시오.

(문제2) 다음은 민서가 저녁 식사를 시작한 시각을 설명한 것입니다. 민서가 저녁

식사를 시작한 시각을 쓰시오. (   )

> • 긴바늘은 6을 가리킵니다.
> • 짧은바늘은 7과 8사이를 가리킵니다.
> • 7시보다 늦은 시각입니다.

(문제3) 규칙에 따라 빈칸에 알맞은 모양을 그려보세요.

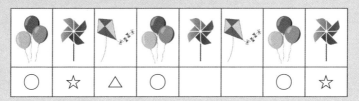

1학년 아이들은 시계를 보고 '몇 시'는 기가 막히게 잘 읽는다. 하지
만 '문제1'처럼 '몇 시 30분'은 생각보다 잘 읽지 못한다. 가장 흔한 실
수가 긴바늘은 6에 위치하도록 잘 그리지만, 짧은바늘은 12와 1 사이

가 아닌 딱 12에 오도록 잘못 그린다는 것이다. 이와 같은 실수는 모형 시계를 많이 조작함으로써 쉽게 해결할 수 있다. 모형 시계는 구체적 조작물로, 이를 많이 다루면 다룰수록 '문제2'와 같은 추상적인 문제를 잘 풀어낼 수 있다. 사실 '문제2'는 평소에 시계를 잘 보는 아이들도 곧잘 틀리는 문제이다. 머릿속에서 그림이 잘 그려지지 않기 때문이다. 머릿속에서 그림이 잘 그려지려면 앞서도 언급했듯이 구체적 조작물을 되도록 많이 다뤄봐야 한다. '문제3'은 규칙을 찾는 문제이다. 대부분 아이들이 이런 문제는 흥미 있어 하고, 크게 어려워하지 않는다.

✏️ 지도상 유의점

시계는 우리의 일상생활과 밀접하기 때문에 익숙하다. 익숙한 것은 편하며 쉽게 생각하기 마련이다. 그래서인지 어떤 부모는 아이가 시계에 대해 어려워하는 걸 이해하지 못하기도 한다. 하지만 아이들에게 시계는 결코 만만하지 않다. 시계를 제대로 알기 위해서는 12진법, 60진법 등 진법을 자유자재로 넘나들어야 하기 때문이다. 열 손가락을 접었다 폈다 하면서 10진법 익히기에 여념이 없는 아이들에게 시계란 어려운 것임을 부모라면 누구나 충분히 인지해야 한다.

시계 보기를 가르칠 때는 가장 먼저 시계의 구조를 알려줘야 한다. 긴바늘, 짧은바늘 등을 소개하고, 각각의 바늘이 어떤 상관관계를 가지면서 움직이는지 가르쳐야 한다. 긴바늘이 한 바퀴 도는 동안 짧은바늘은 한 칸만 움직인다는 사실을 깨달을 수 있도록 모형 시계의 조작 또한 보여줘야 한다. 또한 시각을 읽을 때는 짧은바늘을 먼저 읽고, 긴바늘은 나중에 읽는다는 사실 등도 세세하게 가르쳐줄 필요가 있다.

반면 시계 보기를 너무 쉽게 생각한 나머지 모형 시계조차 조작해보지 않고 대충 말로만 가르치려는 부모들이 있는데, 이는 금물이다. 모형 시계는 반드시 많이 조작해봐야 한다. 그래야 큰바늘이 한 바퀴 도는 동안 짧은바늘이 한 칸 움직인다는 사실을 자연스럽게 인식할 수 있기 때문이다. 이와 더불어 '긴바늘', '짧은바늘', '시각', '시간' 등과 같은 용어의 뜻을 정확히 이해하고 사용할 수 있게 도와줘야 한다.

'수학은 규칙이다'라는 말이 있을 만큼 수학에서 규칙을 찾는 일은 매우 중요하다. 이 단원에 등장하는 규칙 내용은 문제를 잘 푸는 것보다는 수학의 유용성을 깨닫고 흥미를 느끼게 하는 것이 더 중요하다. 실생활 속에서 규칙이 어떻게 숨어 있는지 찾아본다면 아이가 더욱 흥미를 느낄 것이다.

[실생활에서 찾아볼 수 있는 규칙의 예]

- 과일 단면이 어떤 규칙을 가지고 있는지 발견해보기
- 보도블록이 어떤 규칙에 따라 배열되었는지 발견해보기
- 가로수를 어떤 규칙에 따라 심었는지 발견해보기(은행나무, 단풍나무, 은행나무, 단풍나무…)
- '하루'가 어떤 규칙으로 반복되는지 이야기해보기(아침, 점심, 저녁…)

- 계절이 어떤 규칙으로 반복되는지 이야기해보기(봄, 여름, 가을, 겨울…)

- 발걸음의 규칙 발견해보기(왼발, 오른발, 왼발, 오른발…)

- 꽃을 보면서 규칙 발견해보기(꽃잎의 개수, 암술과 수술의 모습 등)

- 잎을 보면서 규칙 발견해보기(잎맥의 모양, 이파리 개수나 모양 등)

- 피아노를 연주하며 건반의 규칙 발견해보기

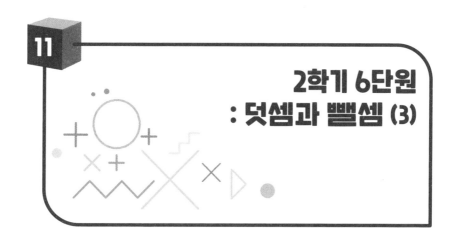

11

2학기 6단원
: 덧셈과 뺄셈 (3)

단원 소개

　1학년 2학기 수학은 '덧셈과 뺄셈'을 배우다가 끝난다고 해도 과언이 아니다. 6개 단원 중 무려 3개 단원이 '덧셈과 뺄셈' 단원이다. 이전에는 2개 단원이 덧셈과 뺄셈 단원이었는데 그 비중이 늘었다. 내용을 자꾸 세분화하다 보니 이런 현상이 발생했다. 6단원 덧셈과 뺄셈 내용은 4단원의 덧셈과 뺄셈 내용과 크게 차이가 없다. 다만 받아올림과 받아내림이 있다는 차이 정도이다. 하지만 받아올림과 받아내림은 아이들에게 '마의 장벽'과 같이 느끼곤 한다. 원리를 완벽하게 이해하고 충분한 연습이 필요하다. 하지만 공교롭게도 이 단원이 수학 맨 마지막 단원에 배치되다 보니 자칫 방학과 학년말 분위기에 휩쓸려 제대로 배우지 못할 확률도 높다. 가정에서 관심이 필요한 이유이기도 하다.

◀2학기 6단원 '덧셈과 뺄셈
(3)'의 도입부이다.

📝 단원 내용

이전 학습	본 학습	이후 학습
○ 수의 가르기와 모으기 (1학년 1학기) ○ 10이 되는 더하기, 10에서 빼기(1학년 2학기)	● 받아올림이 있는 더하기 ● 받아내림이 있는 빼기	◎ 받아 올림이 있는 두 자리 수의 덧셈 (2학년 1학기) ◎ 받아 내림이 있는 두 자리 수의 뺄셈 (2학년 1학기) ◎ 세 수의 혼합 계산 (2학년 1학기)

✏️ 단원 대표 문제

(문제1) 빈 곳에 알맞은 수를 써넣으시오.

$$7+6=\square \qquad 14-6=\square$$

```
      ∧                ∧
   □  3            □  □
```

(문제2) 지희는 노랑꽃 6송이를 가지고 있고, 은초는 빨강꽃 8송이와 파랑꽃 4송이를 가지고 있습니다. 지희는 은초보다 몇 송이 꽃을 더 가지고 있는지 풀이 과정과 답을 쓰시오.

풀이 과정 : _____

_____

답 :

이 단원의 가장 핵심은 받아올림이 있는 덧셈과 받아내림이 있는 뺄셈이다. 받아올림과 받아내림의 핵심은 10을 만드는 것이다. 받아올림이 있는 10이 넘는 덧셈은 문제1의 덧셈처럼 10을 만들 수 있도록 한 수를 가르기 한 다음 덧셈을 하면 된다. 받아내림이 있는 뺄셈은 문제1의 뺄셈처럼 큰 수를 10과 다른 수로 가르기 하여 뺄셈을 하면 된다. 이 과정을 어려워한다면 4단원 '덧셈과 뺄셈(2)' 내용을 다시 공부할 필요가 있다.

덧셈과 뺄셈 내용은 굉장히 다양한 형태의 문제가 출제될 수 있다. 그 중에서도 문제2처럼 긴 서술형 문장제를 아이들은 가장 어려워한다. 이런 문제들은 기본적으로 문장이해력이 없으면 해결이 불가능하다. 많은 독서를 통해 이해력을 키우는 것이 우선이다.

✏️ 지도상 유의점

덧셈과 뺄셈은 원리를 정확히 이해했다면 충분한 연습도 필요하다. 충분한 연습이 되지 않으면 문제 푸는 데 시간이 오래 걸리고 수학 시험 시간이 부족하게 된다. 수학적 자신감도 떨어지게 된다. 연산 훈련이 필요하다. 이 책의 6장에 연산 훈련에 대해 자세히 소개되어 있으니 참고해서 연산 훈련을 시켜주면 이후 학년에서 수학적 자신감을 가질 수 있다.

초등 1학년 수학 공부법

고학년 아이들이 가장 싫어하는 과목 중 하나는 바로 사회다. 반면, 사회를 잘하고 좋아하는 아이들도 있다. 사회를 잘하는 아이들에게 공부를 어떻게 하면 되느냐고 물어보면 대부분 "사회 교과서를 많이 읽어보면 돼요"라고 대답한다. 맞는 말이다. 사회 교과서를 반복해서 읽으면 지식의 흐름과 연계성을 파악할 수 있다. 그뿐만 아니라 계속 반복해서 읽다 보면 교과서에 등장하는 표와 그림 등이 아주 눈에 익게 된다. 이런 이미지들은 시험 문제의 단골 소재이기 때문에 이것들만 잘 봐도 좋은 점수를 받을 수 있는 것이다.

이처럼 어떤 교과목을 잘하기 위해서는 나름의 공부 방법이 필요하다. 당연히 수학 역시 잘하기 위해서는 수학의 특성에 맞는 공부법을 터득한 다음, 그에 따라 자녀를 지도해야 한다. 그렇다면 수학을 잘하기 위해서는 어떻게 해야 하는 것일까?

이 장에서는 몇 가지의 수학 공부 방법을 소개하고자 한다. 일부는 익히 잘 알려진 방법이며, 또 다른 일부는 생소한 방법이다. 사실 이 방법들은 비단 초등 1학년 아이들에게만 한정되진 않는다. 초등 1학년뿐만 아니라 초등학교 전 학년, 심지어는 중고등학생들에게까지 적용할 수 있는 방법이다. 가장 중요한 관건은 이 장에 나오는 방법을 내 아이에게 어떻게 적용할 수 있을지 고민한 다음, 지체 없이 적용하는 것이다. '부뚜막의 소금도 넣어야 짜다'라고 했다.

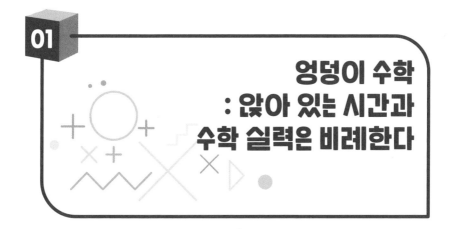

01

엉덩이 수학 : 앉아 있는 시간과 수학 실력은 비례한다

'수학은 엉덩이로 한다'는 말이 있다. 수학을 잘하기 위해서는 그만큼 의자에 엉덩이를 붙이고 앉아 있는 시간이 많아야 한다는 의미이다. 맞는 말이다. 수학을 잘하려면 성실성과 인내는 필수다. 과목 중에 수학만큼 시간이 많이 필요한 과목은 없으며, 또 수학만큼 정직한 과목도 없다. 자기가 들인 시간만큼 점수가 나오는 과목이 바로 수학이다.

여기에서 오해하지 말아야 할 것은 엉덩이를 붙이고 앉아 공부하는 수학과 놀이 수학의 구분이다. 몸으로 수학의 개념 원리를 깨우치는 놀이 수학은 저학년 아이들에게 반드시 필요하다. 그런 점에서 엉덩이 수학은 굉장히 이율배반적으로 느껴질 수 있다. 하지만 꼭 그렇지만은 않다. 놀이 수학의 목적은 다소 어려운 수학 내용을 재미있게 몸으로 체득하는 데 있다. 하지만 수학의 내용을 모두 놀이 수학으로 진행하기에는 무리가 따른다. 또한 놀이 수학을 통해 체득한 개념 원리를 심화 및 발전시키기 위해서는 엉덩이를 붙이고 앉아 고민하고 공부하는 시간이 꼭 필요하다. 엉덩이 수학은 바로 이 과정을 강조한 것이다.

엉덩이를 붙이고 앉아 수학을 공부하는 모습에서 가장 먼저 연상되는 것은 바로 수학 문제집과 학습지이다. 하지만 아이러니하게도 아이들이 수학이라면 진저리를 치고, 수학이 싫다며 소리치게 만드는 가장 큰 주범도 바로 수학 문제집과 학습지이다. 그러니 이것들을 잘 알고 잘 다뤄야 한다. 문제집과 학습지가 아이에게 약이 될지, 독이 될지는 부모의 손에 그 열쇠가 쥐어져 있다.

✏️ 수학 문제집, 양보다는 부모의 원칙이 중요하다

일반적으로 수학을 잘하기 위해서는 다양한 문제를 되도록 많이 풀어봐야 한다고 생각한다. 이는 어떤 면에서는 맞지만, 또 다른 면에서는 틀린 말이다. 물론 수학을 잘하려면 다양한 문제를 풀어보는 것이 유리하지만, 그렇다고 해서 무턱대고 많이 풀게 하는 건 곤란하다. 그러면 수학 실력 향상은 고사하고 오히려 아이가 수학과 담을 쌓게 될수도 있다. 그러므로 수학 문제집 풀이 요령 등을 미리 잘 알고 대처해야 한다. 시중에는 정말 다양한 수학 문제집이 출시되어 있다. 수학 문제집의 선택과 활용에 대한 부모의 원칙이 그 어느 때보다도 필요하다.

• 자녀의 수준에 맞는 수학 문제집을 선택한다

문제집을 선택할 때 가장 중요한 기준은 자녀의 실력이다. 기본적인 상식이지만 이 상식을 무시하는 경우가 왕왕 있다. 때로는 부모의 체면 때문에 자녀의 수준보다 지나치게 어려운 문제집을 선택하며, 옆집 엄마가 좋다고 하니까 무턱대고 구입하기도 한다. 그렇다면 과연 어떻게 자녀의 실력을 가늠할 수 있을까? 아이가 혼자 문제집을 풀었을 때 그 결과가 80점 정도 나오면 선택해도 무방하다. 너무 쉬우면 실력 향상이 되지 않으며, 너무 어려우면 수학을 싫어하게 될 수 있다. 그리고 가급적이면 자녀와 함께 서점에 가서 수학 문제집을 구입한다. 선택의 과정에서 본인의 의사가 존중된다는 느낌을 받을 수 있고, 자신의 선택에 대해 책임감도 더 가질 수 있기 때문이다.

• 매일 조금씩 꾸준히 하게 한다

일주일에 10장씩 문제집을 푼다면, 하루 이틀에 몰아쳐서 푸는 것보단 매일 한두 장씩 꾸준히 푸는 것이 실력 향상에 훨씬 도움이 된다. 조금씩이라도 매일 하는 것이 수학적 감각을 유지하는 데 효과적이기 때문이다. 일반적인 초등 1학년 수학 문제집 한 권을 하루에 두 장씩 푼다고 가정한다면, 한 학기에 3권 정도의 문제집을 풀 수 있다. 사실 한 학기에 3권의 문제집은 결코 적은 양이 아니다.

수학 공부 계획을 세울 때는 '하루 30분 공부하기'처럼 시간 목표보

단 '문제집 2장 풀기'처럼 분량 목표를 세우는 것이 보다 더 효율적이다. 그리고 이런 계획이나 원칙을 절대 무너뜨리지 않는 것이 올바른 공부 습관을 형성하는 데 좋다. 수학은 빨리 가는 것보다는 멀리 가는 것을 항상 염두에 둬야 한다. 당장 무리해서 문제집 한두 장을 더 푸는 것보단 매일 조금씩이라도 공부하는 습관을 들이는 것이 더 우선임을 언제나 기억해야 한다.

• 채점은 부모님이 하며, 틀린 문제는 다시 풀게 한다

문제집을 푼 다음에는 반드시 채점을 해야 한다. 문제집을 풀고 채점을 하지 않는 것은 피아노를 치면서 레슨을 받지 않는 것이나 다름없다. 레슨을 받으며 어떤 부분이 잘되고 어떤 부분이 안 되는지 파악해야 피아노 실력이 늘듯이, 수학도 마찬가지로 자신이 푼 문제 중에 무엇이 맞고 무엇이 틀렸는지를 알아야 실력이 늘 수 있다.

채점을 부모님이 하라는 것에는 해답지를 부모님이 보관해야 한다는 의미가 내포되어 있다. 아이가 해답지를 가지고 있으면 조금만 어려워도 해답을 보고 싶은 유혹에 시달리게 된다. 결국엔 못 풀더라도 고민하는 과정 자체가 수학 공부의 중요한 한 부분이기 때문에 가급적이면 해답을 보지 않고 문제를 푸는 습관을 들이는 것이 좋다. 그리고 채점해서 틀린 문제는 바로 정답과 풀이를 알려주지 말고 두세 번 더 풀어보게 한 다음 가르쳐주도록 한다.

• 다양한 문제집을 선택한다

한 학기에 여러 권의 문제집을 푼다면 가능하면 다른 종류의 문제집을 풀어보는 게 좋다. 출판사마다 문제 유형이 조금씩 다르므로 같은 출판사의 문제집을 계속 푸는 것보단 다른 출판사의 문제집을 풀어보는 것이 바람직하다. 또한 기본형을 다 풀었다면 심화형이나 경시대회 문제 등으로 수준을 높여가면서 푸는 것이 실력 향상을 위해 유익하다. 그리고 평소 교과 진도에 맞춰 푸는 문제집 외에 별도로 아이 수준에 다소 버거운 문제집(주로 서술형이나 사고력 문제집)을 한 권 더 마련해 하루 3문제 정도씩 풀게 한다. 물론 어려운 문제를 푸는 일은 힘겹겠지만, 이를 통해 아이의 수학적 사고력뿐만 아니라 도전 정신까지 키워줄 수 있기 때문이다. 아이가 어려운 문제를 못 푸는 건 어찌 보면 당연하다. 그렇기 때문에 어려운 문제를 풀지 못했다고 윽박지르기보단 풀려고 노력한 모습을 칭찬해줘야 한다.

🖊 수학 학습지, 필수가 아닌 필요에 의해 선택한다

자녀들의 수학 실력 향상을 위해 부모들이 문제집 다음으로 선택하는 방법이 바로 수학 학습지이다. 가격이 비교적 저렴한 데다 시간 부담이 그리 크지 않다는 장점이 있기 때문이다. 하지만 아이들은 학습지를 별로 좋아하지 않는다. 필자가 6학년을 지도할 때 이런 아이가 있었다. 자기 학습지를 친구한테 대신 풀어달라고 한 다음, 장당 500원씩 주는 것이 아닌가. 이런 극단적인 경우는 예외라고 하더라도 아이들은 대체로 학습지를 좋아하지 않는다. 수학 학습지에 대한 부모들의 지혜가 절실히 필요하다.

• 자녀의 특성에 맞는 학습지를 선택한다

날이 갈수록 학습지는 점점 분화되고 있다. 너무 많은 나머지 뭘 선택해야 할지 몰라 난감할 수도 있지만, 필요에 따라 선택의 폭이 넓어졌다고 보면 환영할 만한 일이다. 각각의 학습지마다 강점은 모두 다르다. 어떤 학습지는 연산 훈련을 잘 시켜주는가 하면, 또 다른 학습지는 문제를 잘 풀 수 있도록 훈련을 시켜준다. 그리고 수학에 대한 흥미를 적절히 유발시켜주는 조작 중심의 학습지도 있다. 이처럼 다양한 학습지들 중에서 어떤 것을 선택할지 결정하는 일은 굉장히 어렵다. 학습지를 선택할 때 가장 염두에 둬야 할 사항은 자녀의 부족한 부분을 메워줄 수 있는지 여부와 자녀의 특성이다.

예를 들어 어떤 아이들은 연산 학습지로 상당히 효과를 보는 경우가 있다. 매일매일 일정 분량을 공부하는 것이 쉽지 않을 텐데 별 군말 없이 잘한다. 그 덕분에 연산 실력도 점점 좋아진다. 하지만 어떤 아이들은 연산 학습지라면 몸서리를 치며 싫어한다. 이처럼 대조적인 현상은 아이의 특성과 매우 밀접한 관련이 있다. 아이에 따라서는 같은 내용을 반복하는 것을 즐기는 아이들도 있지만, 반복이라면 학을 떼고 싫어하는 아이들도 있다. 반복을 싫어하는 아이들에게 연산 학습지를 시킨다면 효과는커녕 부작용만 심해질 것이다. 자녀가 부모님 말을 잘 따르고 성실한 편이라면 대개 학습지가 잘 맞는다. 하지만 자녀가 반복적인 것을 싫어하고 창의성이 강하다면 학습지는 되도록 삼가는 편이 현명하다.

• 학습지를 시작하기 전에 반드시 자녀의 동의를 구한다

누군가 괜찮다고 추천만 하면 그 학습지를 무조건 시키는 부모들이 있다. 사실 이렇게 시작한 학습지는 실패할 확률이 매우 높다. 학습지는 단기간에 효과를 보기가 거의 어렵다. 굉장히 오랜 기간 꾸준히 해야 효과가 있다. 그렇기 때문에 부모와 아이의 인내심이 반드시 필요하다. 그리고 아이의 심적인 지지와 동의가 있어야 오래갈 수 있다. 아이들이 어리긴 하지만 본인이 동의한 사안에 대해서는 나름대로 열심히 하고 최선을 다하며 책임을 지려고 노력하기 때문이다. 하지만 본인의 동의를 구하지 않은 채 강제로 시켜서 하게 된 일은 조금만 싫증이 나도 하지 않으려고 하며 짜증을 내면서 회피하려고 한다.

• 학습지는 정해진 시간에 하게 한다

"학습지 했니, 안 했니?", "언제 하려고?" 학습지를 하기 시작하면서부터 부모들이 아이들에게 가장 많이 하는 말이다. 짬이 날 때마다 학습지를 풀게 하려고 생각했다면 그건 오산이다. 부모는 날마다 잔소리를 해야 하고 아이는 아이대로 스트레스를 받기 때문이다. 이런 상황으로는 한 달도 못 버티고 학습지를 중단하게 된다. 그러므로 이런 문제를 예방하기 위해서는 일정한 시간을 정해 그 시간에 학습지를 할 수 있도록 배려해줘야 한다.

• 학습지를 지겹게 여긴다면 잠시 중단한다

아이가 학습지를 너무 지겨워한다면 잠시 중단하는 것도 정답일 수 있다. 어떤 부모들은 아이가 하기 싫어하는데도 이왕 시작했으니 끝을 봐야 한다며 무작정 몰아붙이기도 한다. 하지만 이는 학습지를 공부하기는커녕 애만 잡는 것임을 깨달아야 한다. 아이가 학습지를 너무 싫어한다면 한두 달 중단한 다음, 아이 상태를 보면서 재개하는 것이 좋다. 개구리가 항상 점프만 할 수는 없다. 움츠리는 시간이 있어야 다음 점프도 기대할 수 있는 법이다.

• 학습지보다는 교사가 우선이다

요즘 학습지는 대부분 일주일에 1회 혹은 2회의 교사 방문을 기본으로 한다. 맞벌이나 꾸준한 관리가 힘든 부모 입장에서는 일주일에 한두 번씩 교사가 방문해서 관리해주니 어찌 보면 금상첨화가 따로 없다. 이런 방문 학습지의 경우 학습지의 내용보다는 교사의 능력이 훨씬 더 중요하다. 똑같은 교과서를 가지고 가르치지만 학교 교사가 천차만별이

듯이 학습지 교사도 마찬가지다. 만약 아이가 학습지 교사가 방문하는 날을 기다린다면 그 학습지는 오래갈 수 있다.

학습지의 내용은 방문하는 교사의 수준을 결코 뛰어넘을 수 없다. 특히 아이가 어릴수록 교사의 능력이 매우 중요하다. 아이가 기본적으로 교사를 좋아하지 않는다면 학습 효과를 기대하기는 어렵다.

• 한번 시작하면 여유를 가지고 지켜본다

방문 학습지의 경우 잘만 활용하면 아이가 스스로 공부하는 습관을 들이는 데 큰 도움을 받을 수 있다. 그뿐만 아니라 단계별, 수준별, 학년별 등으로 세분화된 프로그램 덕분에 아이의 상태를 정확히 파악할 수 있다는 장점이 있다. 따라서 학습지를 한번 시작했다면 일정 기간 성실히 임하게 하면서 학습지와 아이의 궁합을 살펴보는 것이 중요하다.

• 대표적인 수학 학습지 소개

대표 수학 학습지	특징
교원 구몬 수학	• 문항수가 많고 반복 학습 위주이므로 반복을 좋아하고 연산이 부족한 아이들에게 좋음 • 학교 진도가 아닌 수준에 따라 진도를 나가므로 진도가 천차만별임 • 방문 교사: 주 1회 15분~20분

웅진 씽크빅	• 수 개념과 풀이 과정에 초점이 맞춰져 있으며, 추상적 사고 과정을 통해 스스로 문제를 해결할 수 있게끔 구성됨 • 문장제 문제 풀이를 어려워하거나 단순 반복을 싫어하는 아이들에게 효과적임 • 방문 교사: 주 1회 15분~20분
재능 스스로 수학	• 교과 위주의 수학 내용으로 구성되어 학교 공부와 병행하기 좋음 • 등급이 올라갈 때마다 진단을 받아 그 수준이 안 나오면 다시 반복해야 함 • 방문 교사: 주 1회 15분~20분
대교 눈높이 수학	• 구몬과 비슷한 형태로서 반복 학습으로 수학의 기초와 연산 원리를 깨우쳐줌 • 방문 교사: 주 1회 15분~20분

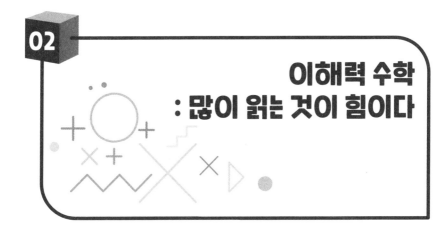

이해력 수학
: 많이 읽는 것이 힘이다

1학년 국어 시험 문제에 '잠자리'를 소리 나는 대로 적으라고 했더니 어떤 아이가 '윙윙윙'이라고 답했다. 채점하던 교사는 포복절도를 했다. 어디 이뿐이랴? 1학년 수학 시험에는 다음과 같은 문제가 있었다.

> (문제) 다영이는 자두를 3개 먹고, 오빠는 다영이보다 2개를 더 먹었습니다. 다영이와 오빠가 먹은 자두는 모두 몇 개인지 풀이 과정을 쓰고, 답을 적으시오.

한 아이가 정답에는 '8개'라 쓰고, 풀이 과정에는 '계산을 해서 구한다'라고 적었다. 이 교사도 역시 포복절도를 했다. 왜 이런 일들이 일어나는 것일까? 바로 이해력 때문이다. 도대체 문제에서 뭘 묻고 있는지 정확히 이해를 하지 못하니 엉뚱한 답변이 나올 수밖에 없는 것이다. 이해력이 없으면 절대로 수학을 잘할 수 없다. 수학을 잘하기 위해서는 이해력이라는 바탕이 반드시 필요하다.

✏️ 수학의 기본은 책읽기다

수학을 잘하기 위해서 책읽기를 해야 한다고 하면 많은 부모들이 고개를 갸우뚱한다. 국어나 사회 등을 잘하기 위해 책을 많이 읽혀야 하는 건 알겠는데, 수학을 잘하기 위해 책읽기를 시키라니 얼른 이해가 안 되는 것이다. 하지만 이는 큰 착오이다. 수학이야말로 책읽기를 하지 않고서는 결단코 잘할 수 없는 과목이다.

초등 1학년 수학 문제는 크게 '간단한 연산 문제', '그림을 이용한 문제', '서술형 문제'(이른바 '문장제 문제'), '서술형 평가 문제' 등으로 나눌 수 있다.

분류	예시
간단한 연산 문제	$6 - 2 = \square$
그림을 이용한 문제	

서술형 문제	다영이는 사탕이 6개 있었습니다. 그중에서 2개를 친구에게 주었습니다. 다영이가 가지고 있는 사탕은 모두 몇 개입니까?
서술형 평가 문제	다영이는 사탕이 6개 있었습니다. 그중에서 2개를 친구에게 주었습니다. 다영이가 가지고 있는 사탕은 모두 몇 개인지 풀이 과정과 답을 쓰시오.

위의 문제들은 1학기 때 배우는 덧셈과 뺄셈 단원에 나온다. 이 문제들은 보기에만 다를 뿐 결국 같은 문제라고 할 수 있다. 아이가 뺄셈을 할 줄 아느냐를 묻는 문제이다. 똑같은 내용을 묻는데도 아이들은 유독 서술형 문제나 서술형 평가 문제를 어려워한다. 왜 그럴까? 바로 이해력 때문이다. 책을 읽지 않아 이해력이 부족한 아이들은 서술형 문제를 읽다가 무슨 말인지 모르겠다며 뒤로 나가떨어지기 일쑤다.

요즘은 서술형 문제에서 한 걸음 더 나아간다. 바로 '서술형 평가 문제'이다. 서술형 평가 문제는 서술형 문제 끝에 '풀이 과정과 답을 쓰시오'라는 말이 붙은 문제를 지칭한다. 서술형 평가 문제는 서술형 문제보다 한 단계 더 진화된 유형이라고 보면 된다. 예전에는 서술형 문제가 나오면 어떻게 해서든지 답만 맞히면 됐는데, 이제는 답이 나오는 과정까지 쓰는 서술형 평가 문제가 대세인 것이다. 이마저도 채점자가 알아보기 쉽게 논리력과 표현력을 갖춰 일목요연하게 써야 좋은 점수를 받을 수 있다.

아이들은 서술형 평가 문제를 접할 때마다 굉장히 혼란스러워한다. 고학년 아이들조차도 풀이 과정에 '그냥', '그렇게 된다고 생각하니까', '계산하니까' 등과 같이 말도 안 되는 답안을 써내는 경우가 많다. 고학년이 이 정도인데 저학년은 말해서 무엇할까. 시험지를 채점하다가 배꼽 잡는 일이 한두 번이 아니다. 알고는 있지만 표현할 줄 모르기 때문에 벌어지는 일이다. 하지만 '표현할 줄 모르는 것은 아는 것이 아니다'라고 했던가?

이처럼 수학 문제의 흐름은 단순 계산과 서술형을 거쳐 이제는 서술형 평가의 시대가 되었다. 계산만 잘해서는 수학 잘한다는 소리를 절대 들을 수 없다. 이해력 없이는 어떤 문제인지조차 파악하기 힘들다. 논리력과 표현력 없이는 서술형 평가 풀이 과정에 '계산해서 구한다', '그냥'과 같은 말만 쓰게 된다. 이해력, 논리력, 표현력 등을 한방에 연마하려면 어떻게 해야 할까? 바로 책읽기가 답이다. 책읽기가 아니고서는 이런 것들을 얻을 방법이 묘연하다. '수학의 기본은 책읽기'라는 말이 나올 만한 이유이다.

✏️ 책읽기는 확산적 사고를 돕는다

예전과 지금의 수학 문제를 비교하면 또 하나 현격하게 변한 점이 있다. 예전 문제는 답이 하나였지만, 지금은 답이 여러 개인 문제가 점점 늘어나고 있다.

예전 문제	현재 문제
6 - 2 = □	□ - □ = 4

17 + 22 = ☐	17+22를 여러 가지 방법으로 계산하고 설명해보시오
세 선분으로 둘러싸인 도형을 ☐이라 합니다	주변에서 볼 수 있는 삼각형을 예로 들고 왜 삼각형 모양인지 설명해 보시오.

'6-2=☐'의 정답은 딱 하나, '4'뿐이다. 하지만 '☐-☐=4'의 정답은 거의 무한대로 많이 나올 수 있다. 이런 문제를 잘 해결하려면 이른바 '확산적 사고'에 능해야 한다. 확산적 사고란 다양하게 생각하는 능력이라고 할 수 있다. 예를 들어 '연필로 할 수 있는 일을 말해보시오'와 같은 물음에는 아주 다양한 답이 나올 수 있다. 반면 '연필 한 자루의 값은 100원입니다. 1,000원으로 연필 몇 자루를 살 수 있습니까?'와 같은 물음은 정답이 하나로 정해져 있다. 이 같은 물음에 답하기 위해 생각하는 것을 '수렴적 사고'라고 한다.

예전에는 대부분 한 가지 정답을 알아내는, 수렴적 사고가 필요한 문제들이 많았다. 하지만 점점 더 확산적 사고를 요하는 문제들이 많아지고 있다. 이런 경향을 감안한다면 확산적 사고를 잘할 수 있는 방법을 강구해야지만 새로운 변화에 잘 대처할 수 있다.

책을 읽으면 상상력이 발달한다. 글을 읽을 때마다 사람들의 머릿속에 떠오르는 이미지가 있다. 이를 '머릿속 영화'라고 한다. TV보다 책을 좋아하는 아이들의 머릿속에선 세상에서 가장 재미있는 머릿속 영화가 펼쳐진다. 이런 상상력은 대표적인 확산적 사고 가운데 하나다. 책을 읽으면서 상상력을 키운 아이들은 확산적 사고에 능하다. 수학 공부를 잘하기 위해서 왜 책을 읽어야 하는지 그 이유가 바로 여기에 있다.

🖊 책도 읽고 수학도 공부하는 일석이조 '수학 동화'

수학을 잘하려면 절대적인 수학 공부 시간을 확보해야 한다. 이는 마치 피아노를 잘 치기 위해서 매일 일정 시간 연습해야 하는 원리와 같다. 학원에서만 피아노를 치고 집에서 꾸준히 연습하지 않는 아이는 『체르니 30』을 넘기지 못하고 포기하고 만다. 수학도 마찬가지이다. 학교에서 하는 공부만으로 수학을 잘하는 경우는 아주 특별한 수학적 능력을 가지고 태어나지 않은 이상 거의 불가능하다. 그렇다고 아이에게 날마다 몇 시간씩 수학 공부를 시킬 수 있을까? 말도 안 되는 일이다.

하지만 하루에도 몇 시간씩 수학 공부를 시킬 수 있는 방법이 있긴 있다. 바로 '수학 동화'를 읽게 하는 것이다. 수학 동화란 동화 속에 수학적인 내용을 자연스럽게 접목시킨 것으로, 아이가 수학을 거부감 없이 받아들이게 할 뿐만 아니라 수학적 기초까지도 다져준다. 수학 동화의 가장 큰 장점은 어려운 수학을 재미있게 배울 수 있다는 데 있다. 아이들은 수학 동화를 읽으면서 수학은 결코 딱딱하지 않으며, 오히려 말랑말랑하다는 느낌을 받는다. 그뿐만 아니라 엄청난 배경지식 또한 쌓을 수 있다. 이러한 배경지식은 수학에 대한 이해력을 가속화시키기 때문에 이로 인해 수학을 잘하고 좋아하는 아이로 거듭나게 할 수 있다.

수학 동화에는 딱 해당 학년의 수학 개념만 등장하진 않는다. 대개 한 권의 책이 연령을 넘나들며 여러 가지 개념을 두루 다루는 편이다. 그리하여 수학 동화를 통해 거부감 없는 선행 학습을 할 수 있는 것이다.

〈취학 전이나 1학년 아이들을 위한 수학 동화〉

도서명	저자	출판사
『이상한 그림책』	안노 미쓰마사	비룡소
『수학아 수학아 나 좀 도와줘1』	조성실	삼성당
『떡장수 할머니와 호랑이는 구구단을 몰라』	이향안	동아사이언스
『수학은 너무 어려워』	베아트리스 루에	비룡소
『아인슈타인이 보내는 편지』	린 배러시	비룡소
『수학마녀의 백점 수학』	서지원	처음주니어
『어린왕자와 함께 떠나는 구구단 여행』	김재인	동인
『재미있는 숫자의 세계』	앙겔라 바인홀트	크레용하우스
『우리 수학놀이 하자! – 1 셈놀이』	크리스틴 달	주니어김영사
『수학의 저주』	존 셰스카	시공주니어
『쉿! 신데렐라는 시계를 못 본대』	고자현	동아사이언스
『신통방통 도형 첫걸음』	서지원	좋은책어린이
『헨젤과 그레텔은 도형이 너무 어려워』	고자현	동아사이언스
『100층짜리 집』	이와이 도시오	북뱅크
『1학년 스토리텔링 수학동화』	우리기획	예림당
『숫자 전쟁』	후안 다리엔	파란자전거
'어린이가 처음 만나는 수학 그림책' 시리즈(3권)	안노 미쓰마사	한림출판사
'수학 그림동화' 시리즈(8권)	안노 미쓰마사 외	비룡소

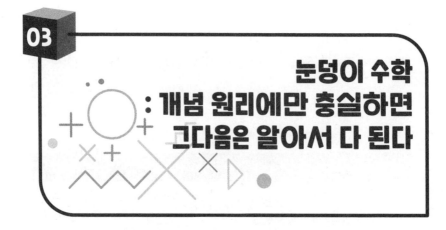

03

눈덩이 수학
: 개념 원리에만 충실하면
그다음은 알아서 다 된다

수학을 좋아하고 잘하는 아이들에게 수학이 왜 좋으냐고 물으면 "수학은 사회처럼 외울 것도 많지 않고요. 몇 가지만 알면 돼요"라고 말한다. 수학을 싫어하는 아이들이 들으면 기가 찰 노릇이다. 수학을 싫어하는 아이들은 수학이 너무 복잡하기 때문에 싫다고 이야기한다.

수학을 좋아하는 아이들이 말한 '알아야 하는 몇 가지'는 바로 수학의 개념이다. 하지만 정작 우리는 수학의 개념이 무엇인지 잘 모르는 경우가 많다. 어떤 아이들은 수학 공식을 개념이라고 착각하기도 한다. 이런 아이들은 영어 단어를 외우듯이 무슨 뜻인지도 모른 채 공식만 줄줄 외운다. 그러면서 수학 점수가 낮다고 툴툴댄다. 당연히 점수가 낮을 수밖에 없다. 공식을 외우는 것은 개념 중심의 공부법이 아니기 때문이다.

눈사람을 만들기 위해 눈덩이를 굴릴 때, 처음에는 좀처럼 잘 뭉쳐지지도 않고 크기도 더디게 커진다. 하지만 한번 잘 뭉쳐져서 눈덩이가 불어나기 시작하면 그때부터는 기하급수적으로 커진다. 개념 원리에 충실한 수학 공부가 이와 같다. 사실 이런 공부는 말처럼 쉽지 않다. 시간도 오래 걸린다. 하지만 종국적으로는 개념 원리에 충실한 공부법만이 수학을 잘할 수 있는 지름길이 된다.

✏️ 진정한 수학 공부의 시작은 철저한 개념 익히기이다

1학년 수학 시험에 '6-2=□+1'과 같은 문제를 내면 절반 이상의 아이들이 틀린다. 대부분의 아이들이 답에 '4'라고 적는다. 아주 쉬운 연산 문제인데도 도대체 왜 이런 현상이 나타날까? 바로 수학 기호인 '='의 개념을 잘 모르기 때문이다. '='의 개념은커녕 이름조차 제대로 아는 아이들이 거의 없다. 2학년 아이들에게 '='의 이름을 물었더니 대다수의 아이들이 '는'이라고 대답한다. 그때 한 여자아이가 "저게 왜 '는'이야?"라고 말한다. 모처럼 제대로 아는 아이인가 싶어 그럼 무엇이냐고 되물었더니 그 아이가 "'은'이요"라며 천연덕스럽게 대답하는 것이 아닌가. 어른들 강연에서 물었더니 심지어 "니꼬르"라고 답한다. 아이들이나 어른들이나 오십보백보이다.

이름조차 모르는 아이들이 과연 '='의 개념을 잘 알고 있을까? '='는 엄연히 '등호'라는 이름이 있으며, 이는 '왼쪽(좌변)과 오른쪽(우변)이 같

을 때 사용하는 수학적 기호'이다. 하지만 아이들은 이런 기본 개념을
제대로 배우지 않는다. '='처럼 기본적인 기호일수록 처음 접할 때 귀에
딱지가 앉을 정도로 반복하고 또 강조해야 하는데 말이다. 등호의 개념
도 모르면서 등호가 들어간 수학식을 하루에도 몇 십 문제 혹은 몇 백
문제 풀고 있는 것이 현실이다.

고학년 아이들의 서술형 평가 문제를 채점하다 보면 참 기가 막힐
때가 많다. 복잡한 풀이 과정을 쓰면서 '='를 쓰임새에 맞게 사용한 아
이들이 별로 없다. 어떤 아이들은 자기가 내키는 곳 아무데나 이 기호
를 남발하기도 한다. 고학년이 되었는데도 여전히 '='의 개념을 모르기
때문이다. 수천 번, 수만 번을 보고 썼어도 정작 개념을 모르는 것이다.
이것이 바로 우리 아이들이 기를 쓰고 공부하는 수학의 현주소다.

수학에 나오는 용어조차 잘 모른다면 문제를 제대로 풀 수 없어요. 개념과 원
리를 이해하지 않고 문제만 많이 풀어선 실력이 늘지 않습니다. 어떤 과목보
다 기본 개념이 중요한 과목이 바로 수학이니까요.

제50회 국제수학올림피아드(International Mathematical Olympiad, IMO)
에서 당당히 은상을 받았던 당시 서울 과학고 1학년 류영욱 학생이 한
인터뷰에서 한 말이다. 수학의 신이라 불릴 만한 학생의 입에서 나오는
이야기가 바로 개념 원리의 중요성이다. 진정으로 아이가 수학을 잘하
길 바란다면 개념 원리를 정확히 배우는 습관부터 길러줘야 한다.

✏️ 개념만 제대로 알아도 자동으로 심화 학습이 된다

　수학을 공부하는 대부분의 아이들은 선행 학습 경쟁을 한다. 선행 학습이 당연하게 여겨지는 시대이다. 하지만 개념 원리에 충실한 공부를 하다 보면 따로 선행 학습을 할 필요가 없다. 개념 원리에 충실한 공부를 할 경우 자동으로 심화 학습이 이뤄져 자연스럽게 선행 학습의 효과가 생기기 때문이다.

　아이들은 2학년이 되면 구구단을 배운다. 사실 1학년 중에서도 구구단을 곧잘 외우는 아이들이 많다. 심지어 19단까지 외우는 아이들도 간혹 볼 수 있다. 이렇게 구구단을 외우는 아이들은 과연 '곱하기'의 개념을 정확히 알까? 아니면 그저 공식을 외우는 걸까? 사실 구구단 외우기는 일종의 공식을 외우는 것과 같다. 3×4가 12라는 걸 안다고 해서 구구단의 개념을 안다고는 할 수 없다. 3×4가 왜 12인지 수학적으로 정확히 설명할 줄 아는 아이만이 구구단의 개념을 알고 있는 것이다.

　필자가 4학년 수학을 가르칠 때 이런 일을 겪었던 적이 있다. 1/4+2/4와 같은 진분수의 덧셈을 가르치면서 혹시나 하는 마음으로 1/4×3을 질문했다. 그러자 대부분의 아이들은 꿀 먹은 벙어리가 되었고, 심지어 어안이 벙벙해했다. 그도 그럴 것이 1/4×3은 5학년에 등장하는 내용이므로 어찌 보면 당연한 반응이었다. 그때 갑자기 평소 수학을 잘했던 한 남자아이가 답을 안다고 손을 들었다. 답이 무엇이냐고 물었더니 3/4이라고 대답했다. 이유를 물었더니 "1/4 ×3은 1/4을 3번 더하라는 의미잖아요. 그러니까 결국 1/4+1/4+1/4이 되고, 이걸 계산하면 3/4이 나와요"라고 말하는 것이었다. 진심으로 놀라웠다. 선행 학습을 한 아이들은 대개 '×'의 개념에 입각해서 대답하지 않는 특성이 있는데, 이 아이는 정확히 그 개념(앞에 있는 수를 뒤에 있는 변수만큼 더한다)을 알고 있었다. 이것이 바로 개념의 힘이다. 개념만 제대로 알면 인위적으로 시간을 투자해 공부하지 않아도 자연스럽게 선행 학습이 된다. 하지만 현실은 무조건 구구단을 외우라고만 닦달할 뿐, 정작 곱하기의 개념을 알고 있는가에 대해선 무관심하다. 이런 이유 때문인지 2학년 아이들에게 '20×3'이나 '☆×2'를 물어보면 선생님을 잡아먹으려고(?) 한다. '20×3'은 두 자리 수 곱셈을 배우지 않았다고, '☆×2'는 별을 어떻게 곱하느냐고 난리를 피우면서 따진다. 심지어 어떤 아이는 "선생님, 지금 어떻게 되신 거 아녜요?"라고 격한 반응을 보이기도 한다. 사실 이는 곱하기의 개념을 모르기 때문에 나타나는 현상이다. 곱하기의 개념만 제대로 알면 2학년은 물론, 심지어 1학년도 "20×3은 20+20+20으로 답은 60입니다"라고 자신 있게 대답할 수 있다. 하지만 곱하기의 개념을 모르면 6학년이라 할지라도 '☆×2'가 '☆+☆'이 되어 쌍별이 답이라는 사실을 알지 못하는 것이다.

수학 개념은 완벽하게 이해한 하나의 개념을 시작으로 전이된다. 개념과 개념이 서로 촘촘하게 연결돼 있는 셈이다. 그렇기 때문에 하나의 개념만 꽉 잡으면 다른 개념은 알아서 줄줄이 딸려 온다. 덧셈의 개념을 완벽하게 이해한 아이가 곱셈을 쉽게 받아들일 수 있는 건 바로 이러한 이치 때문이다.

선행 학습을 시킨답시고 학원으로 보낼 이유가 전혀 없다. 그저 개념 원리에 입각해 수학을 공부하게 하면 된다. 개념 원리에 따라 충실하게 공부를 하다 보면 심화 학습이 이뤄져 응용력이 좋아지고, 자연스럽게 선행 학습의 효과까지도 볼 수 있다.

✏️ 개념을 배우는 가장 쉽고 재밌는 길, 조작 활동

  개념 원리에 충실한 공부를 할 수 있는 가장 현실적인 방법은 교과서를 반복해서 읽고 풀어보는 것이다. 교과서는 수학적 개념 원리에 따라 구성되어 있기 때문에 그 어떤 책보다 개념을 배우는 데 있어 효과적이다. 그리고 조작 활동을 하면서 개념을 가르쳐주라고 권면하고 싶다. 어린아이일수록 말로 하는 것보다는 몸으로 익히는 것이 훨씬 더 재미있고 기억에도 오래 남기 때문이다.

  여기서 다시 '='의 예를 들어본다. '='를 처음 배우는 아이한테는 "'='는 왼쪽(좌변)과 오른쪽(우변)이 같을 때 사용하는 수학적 기호란다"라고 정확하게 말해줄 필요가 있다. 하지만 이렇게 말로만 하고 지나가면 아이는 절대로 깊이 이해하지 못할 뿐더러 응용력도 떨어진다. 이런 경우에 대비해 다음과 같은 조작 활동을 해보면 어떨까?

  엄마 (젓가락 두 개를 바닥에 '=' 모양으로 늘어놓으며) 수학에서 이런 기호를 뭐라고 부르는지 아니?

  아이 아뇨, 몰라요.

엄마 '등호'라고 부른단다. '='는 왼쪽(좌변)과 오른쪽(우변)이 같을 때 사용하는 기호야. 우리 함께 '등호 놀이' 한번 해볼까?

아이 어떻게 하는 건데요?

엄마 아주 간단해. 엄마가 등호 왼쪽 또는 오른쪽에 물건이나 숫자 등을 놓으면 너도 그와 똑같이 놓으면 된단다.

아이 좋아요. 아주 쉽네요.

엄마 (등호 왼쪽에 컵을 하나 놓으며) 오른쪽에는 무엇이 와야 할까?

아이 (등호 오른쪽에 컵을 하나 놓으며) 당연히 컵이 와야죠.

엄마 참 잘했네. (등호 오른쪽에 양말 한 짝을 놓으며) 자, 왼쪽에는 무엇이 와야 할까?

아이 (등호 왼쪽에 양말 한 짝을 놓으며) 너무 쉬워요.

엄마 (등호 왼쪽에 양말과 컵을 놓으며) 이번엔 좀 어려운데 할 수 있을까?

아이 당연히 할 수 있죠. (등호 오른쪽에 양말과 컵을 놓는다)

엄마 그럼 만약에 양말과 컵의 순서를 바꾸면 어떻게 될까? 같을까? 다를까?

아이 글쎄요, 잘 모르겠어요.

엄마 상관없단다. '양말, 컵=컵, 양말'이므로 바꿔도 된단다.

이런 식으로 활동을 진행하다 보면 아이는 무의식중에 등호를 기준으로 왼쪽과 오른쪽, 즉 좌변과 우변을 비교하게 된다. 그리고 등호는 좌변과 우변이 같을 때 쓰는 기호라는 것을 자연스럽게 깨닫게 된다. 위와 같은 조작 활동을 통해 등호의 개념을 배운 아이는 앞서 언급했던 '6-2=□+1'과 같은 문제를 틀리지 않는다.

어린아이일수록 수학을 많이 가르치려고 하기보단 단 하나라도 개념 원리에 충실하게 가르쳐야 한다. 머리로만 배우는 내용은 얼마 가지 못한다. 몸으로 배우는 내용이 중요하다. 몸으로 배우면 깊이 이해할 수 있게 되고, 깊이 이해하다 보면 자연스럽게 응용력이 향상된다. 그러다 종국에는 수학적 사고력이 풍부해져 수학을 좋아하고 잘하는 아이가 되는 것이다.

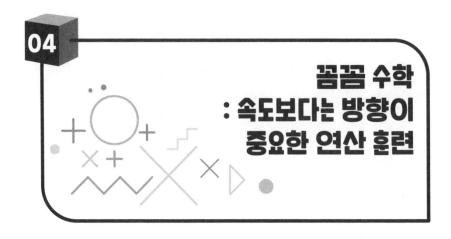

04

꼼꼼 수학
: 속도보다는 방향이
중요한 연산 훈련

7080 시대 때만 해도 연산은 수학에서 가장 중요한 영역이었다. 당시 선풍적인 인기를 끌었던 주산 학원도 따지고 보면 시대의 요구나 마찬가지였다. 그 때문인지 우리나라 사람들은 유난히 계산을 잘한다. 오죽하면 미국 사람들이 우리나라 이민자들은 모두 수학자인 줄 알았다는 우스갯소리까지 있을까? 미국 사람들 눈에는 머리로 계산을 척척해내는 우리나라 이민자들의 모습이 마치 '수학의 신'처럼 보였을 것이다. 원주율을 3.14로 계산하는 나라는 우리나라를 포함해 지구상에 몇 나라 되지 않는다. 미국은 초등학교 때부터 아예 π(파이)로 가르치며, 일본은 3으로 계산한다. 어찌 보면 우리나라 수학의 저력은 복잡한 연산을 정확하고 빠르게 하는 데서 생겼는지도 모르겠다.

하지만 세월이 흘러 90년대부터는 창의력 수학이니 문제 해결력이니 하면서 연산의 중요성이 점점 뒤로 밀려나기 시작했다. 학교에서 예전보다 연산을 덜 강조하다 보니 아이들은 자연스럽게 계산을 소홀히 하게 되었다. 게다가 부모님들조차도 연산을 한물갔다고 치부해 자녀를 지도할 때 대수롭지 않게 여기는 경향이 늘어났다. 물론 시대가 변했지만 그럼에도 초등학교 때만큼은 연산을 간과하거나 등한시하면 안 된다. 무작정 구시대적 유물이라고 생각하기보다는 연산만이 가진 중요성을 깨닫고 1학년 때부터 조금씩 훈련하는 것이 가장 좋다.

🖊 초등 수학에서 연산이 중요한 이유

일반적으로 수학은 수와 연산, 도형, 측정, 규칙성, 확률과 통계의 5가지 영역으로 이뤄져 있다. 그중 초등학교에서 주로 다루는 영역은 수와 연산, 도형, 측정 이렇게 3가지 영역이다. 이중에서는 수와 연산 영역이 절반 정도를 차지한다. 사실 도형과 측정에서 나오는 것까지 포함한다면 연산이 초등학교 수학의 70% 이상을 차지한다고 해도 과언은 아니다. 이런 이유로 '연산을 잘하면 수학을 잘한다'라는 말이 일정 부분은 맞는 이야기인 것이다. 특히 초등 1학년은 총 11개 단원 중 수와 연산과 관련된 단원이 6개로 거의 절대적이라고 할 수 있다.

연산을 잘하게 되면 수학 시험 시간을 보다 여유롭게 운용할 수 있다. 저학년과 고학년의 수학 시험 시간 풍경은 사뭇 다르다. 저학년들은 시험 시간이 불과 20분도 안 지났는데, 다 풀었다고 하면서 시험지를 언제 걷느냐고 교사를 채근한다. 시간이 많이 남는 것이다. 하지만 고학년이 되면 상황은 완전히 역전된다. 유독 수학 시험 시간에만 전에 없던 긴장감이 맴돈다. 자칫하면 시간이 모자라기 때문이다. 시험 시간이 끝났는데도 1분만, 5분만 하면서 시간을 좀 더 달라는 아이들의 아우성이 여기저기에서 들려온다. 왜 이런 상황이 벌어지는 걸까? 문제가 더 어려워서일까? 그렇지 않다. 연산이 복잡해졌기 때문이다. 저학년 문제는 단 한 번의 계산만으로도 답이 나오지만, 고학년 문제는 여러 번 계산을 해야 답이 나온다. 다음에 제시된 표를 보면 쉽게 이해할 수 있다.

1학년 수학 연산 문제	6학년 수학 연산 문제
$24 + 42 = \square$	$\frac{3}{4} + \frac{2}{3} - 0.1 = \square$
	$\frac{3}{4} + \frac{2}{3} - 0.1$ $= \frac{9}{12} + \frac{8}{12} - 0.1 = \frac{17}{12} - 0.1$ $\frac{17}{12} - \frac{1}{10} = \frac{85}{60} - \frac{6}{60}$ $= \frac{79}{60} = 1\frac{19}{60}$

위와 같은 단순 연산 문제는 교사가 학생들에게 점수를 주기 위해 첫 문제로 낼 법하다. 둘 다 비교적 쉬운 편이며, 대부분의 아이들이 어렵지 않게 맞힐 수 있다. 하지만 1학년 문제는 한 번만 계산하면 답이 나오지만, 6학년 문제는 답을 알아내기 위해 무려 6번의 계산 과정이 필요하다. 6번의 계산 과정에서 단 한 군데만 틀려도 6학년 연산 문제

는 틀리게 된다. 그뿐만 아니라 1학년 문제는 덧셈만 하면 되지만, 6학년 문제는 덧셈, 뺄셈, 곱셈, 나눗셈을 모두 해야 한다. 이런 이유로 한 문제를 해결하는 데 소요되는 시간의 차이가 굉장히 크다. 그리고 1학년 문제는 개개인의 격차가 거의 나지 않지만, 6학년 문제는 그 격차가 엄청나게 벌어진다. 6학년 문제의 경우 30초 만에 푸는 아이가 있는 반면, 3분이 지나도 못 푸는 아이가 있다. 이런 시간들이 누적되다 보면 수학 시험 시간이 부족해지며, 그러다 보면 아는 문제도 못 풀 뿐만 아니라 실수도 더 많이 하게 된다.

연산은 초등학교 때뿐만 아니라 대입 수능시험까지도 연결된다. 수능시험에서 수학 시간은 100분이고 문제는 30문제이다. 한 문제당 3분 정도가 주어지는 셈이다. 고득점을 받기 위해서는 소위 말하는 29번, 30번과 같은 킬러 문항을 맞춰야 한다. 하지만 이런 문제들은 문제 이해도 쉽지 않을 뿐만 아니라 계산도 엄청 복잡하다. 이런 문제를 맞추기 위해서는 쉬운 문제들은 정확하면서도 빠르게 문제를 풀어 시간을 벌어야 한다. 당연히 정확하고 빠른 연산력이 필수이다.

연산의 중요성은 여기서 그치지 않는다. 연산을 잘하는 아이들은 대체로 수학에 대한 자신감이 상당하다. 단순히 계산 능력이 좋은 것뿐인데 아이들 사이에서는 이것이 대단한 능력으로 둔갑한다. 특히 저학년들은 이런 경향이 더 강하다. 수학 시간에 다른 친구들보다 계산 결과를 빨리 도출하다 보면 긍정적인 강화가 될 확률이 매우 높아진다. 수학에 대한 좋은 느낌과 자신감을 가질 수 있는 기회가 많아지는 것이다. 그러므로 연산은 저학년 때부터 착실하게 관리해줄 필요가 있다.

✏️ 연산 훈련의 원칙과 방법

연산 능력이 수학의 본질과는 거리가 있다고 주장하는 수학자들도 있다. 그들은 연산 능력이 이해 능력, 추론 능력, 문제 해결 능력 등과 같이 여러 가지 수학적 사고력 가운데 하나일 뿐이라고 말한다. 일정 부분 맞는 말이다. 하지만 초등 수학에서만큼은 이 이야기가 별로 설득력이 없다. 앞서 언급했듯이 초등 수학에서는 수와 연산의 비중이 워낙 크기 때문이다. 그리고 연산 훈련을 꾸준히 하다 보면 연산 능력뿐만 아니라 집중력 등이 좋아진다는 연구 결과도 많다. 연산 훈련을 통해 소기의 성과를 거두려면 다음과 같은 원칙을 지켜야 한다.

• 너무 일찍 시작하지 않는다

많은 부모들이 초등학교 입학 전부터 아이에게 연산 훈련을 시킨다. 하지만 이것은 굉장히 위험 부담이 크다. 연산 훈련은 반드시 개념 원리를 완벽하게 이해한 다음에 시작해야 탈이 없고 의미도 있다. 만약 어린아이가 연산 훈련을 열심히 해서 덧셈과 뺄셈을 빨리 한다고 가정해보자. 과연 어떤 유익이 있을까? 현실적으로는 그다지 유익이 없다. 오히려 이런 아이는 수학 수업 시간에 훼방꾼이 될 확률이 다분하다. 초등학교 1학년 1학기 때 배우는 내용은 '2+3'과 같은 단순 연산이다. 교사 입장에서는 이 내용을 가지고 한 시간 동안 아이들과 씨름을 해야 한다. 그런데 이미 연산 훈련을 한 아이는 '5'라고 답하며 너무 쉽다고 하면서 교사의 설명은 들으려고도 하지 않는다. 그리고 딴짓을 하며 수업을 방해한다. 이 아이가 '2+3'의 개념을 정확히 알고 있다면 그나마 다행이다. 하지만 그렇지 못한 경우가 훨씬 더 많다.

부모에게 연산 훈련을 일찍 시킬 열정이 있다면 차라리 그 시간과 노력으로 아이와 수학 놀이를 하거나 수학 동화를 한 권 더 읽히는 편이 낫다. 연산 훈련은 학교를 입학한 후에 서서히 시작하는 것이 좋다. 구체적으로 1학년 여름 방학이나 1학년 2학기부터 시작하면 딱 적당하다.

• 속도보다는 정확도를 먼저 따진다

연산 훈련을 시작하면서 반드시 간과하지 말아야 할 원칙은 '속도'보다는 '정확도'를 중시하라는 것이다. 아이들은 이상하리만큼 속도에 집착한다. 누가 재촉하는 것도 아닌데 기를 쓰면서 빨리 하려고 한다. 심지어 수업 시간에 연산 훈련을 하다 보면 조금이라도 시간을 단축하기 위해 미리 몇 문제를 풀어놓는 아이도 있다. 그러면 다른 아이들은 "선생님, 얘는 벌써 풀어놨어요"라며 고자질하기 바쁘다. 아이들은 1초라도 빨리 풀면 굉장히 잘한다고 착각하는 경향이 있다. 하지만 아무리 빨리 푼다 한들 틀리게 푼다면 전혀 의미가 없다. 빨리 푸는 것에 집중한 나머지 자꾸 몇 개씩 틀리다 보면 아이는 본능적으로 자신의 계산 결과에 대해 신뢰를 잃어버린다. 자신의 계산 결과에 대해 신뢰를 가지느냐 못 가지느냐는 굉장히 큰 문제이다. 속도만 중요시하는 연산 훈련은 자칫하면 자주 실수하는 아이로 만들기 쉽다. 그러므로 연산 훈련을 한다면 처음부터 '속도'보다는 '정확도'를 강조해야 한다.

• 한 번에 많은 분량을 시키지 않는다

'매일 조금씩'은 연산 훈련의 주요한 대원칙이라고 할 수 있다. 하루에 연산 훈련 교재 한두 장이면 충분하다. 시중에 나와 있는 교재의 경우, 한 장가량을 푸는 데 평균 5분 정도 걸린다. '이걸로 될까?' 싶겠지만 딱 적당하다. 아이가 연산 훈련 시간이 다소 짧아 아쉬운 나머지 한 장만 더 풀면 안 되겠냐고 묻는다면 가장 바람직하다고 볼 수 있다.

적은 분량을 집중력 있게 풀어야 하기 때문에 타이밍 역시 중요하다. 본격적인 수학 공부 바로 직전이 연산 훈련을 하기에 가장 좋은 시간이다. 이때 연산 훈련을 약 5분에 걸쳐 실시하면 아이의 집중력이 좋아져 이어지는 공부를 더욱 효율적으로 할 수 있다는 연구 결과가 많이 발표되어 있다. 따라서 연산 훈련을 할 요량이라면 반드시 수학 공부를 하기 직전이나 수학 문제집 등을 풀기 직전에 하길 권한다.

• 오답이 많이 나오는 단계는 집중적으로 연습시킨다

아이에게 연산 훈련을 시키다 보면 유독 오답이 많이 나오는 단계가 있다. 그럴 경우 그 부분을 집중적으로 연습시켜야 한다. 대개 연산의 원리를 잘 모르거나 알고리즘이 제대로 형성되지 않았을 때 오답이 많이 나온다. 이럴 때는 보통의 경우처럼 문제점을 보완하고 다음 교재로 넘어가기보다는 같은 교재를 한 권 더 마련해 오답이 많이 나오는 부분을 다시 한 번 더 풀어보게 하는 것이 좋다.

• 연산 훈련으로 효과를 보는 아이들은 따로 있다

연산 훈련이 수학 실력 향상에 기여하는 바가 크긴 하지만, 잘 맞는 아이가 있는가 하면 잘 맞지 않는 아이들도 있다. 그러므로 자녀의 특성을 잘 고려해서 실시해야 한다. 대개 연산 훈련은 반복을 좋아하는 아이들에게 효과가 있다. 연산 훈련의 가장 큰 특징이 반복 숙달이기 때문이다. 어제 풀었던 문제와 오늘 풀어야 할 문제는 숫자만 바뀌었을 뿐 거의 똑같다. 이렇게 똑같은 내용을 매일 공부해야 한다는 것은 반복을 싫어하는 아이들에겐 여간 고역이 아니다. 자녀가 반복을 싫어한다면 연산 훈련은 반드시 재고해봐야 한다. 그런가 하면 경쟁심이 강한 아이들한테는 연산 훈련이 큰 효과를 발휘한다. 연산 훈련은 문제를 빠르고 정확하게 풀어내는 것을 목적으로 하기 때문에 이런 아이들의 경우 눈에 띄게 실력이 향상되는 편이다.

✏️ 엄마표로 진행하는 연산 훈련

연산 훈련의 방법은 크게 두 가지이다. 엄마가 직접 연산 훈련 교재를 가지고 진행하거나 학습지를 구독하는 것이다. 학습지를 활용한 연산 훈련은 방문 교사가 따로 오기 때문에 마음이 편할 수는 있겠지만, 이것 역시 엄마가 신경을 많이 써야 하긴 매한가지다. 비용도 부담스러울 수 있다. 그러므로 조금 귀찮더라도 연산 훈련만큼은 엄마가 직접 관리하는 것이 좋다. 자녀에게 맞는 연산 훈련 교재를 잘 선택해서 꾸준히만 하면 된다. 다음은 엄마표로 연산 훈련을 진행해볼 만한 시중에 나와 있는 교재들이다.

『기적의 계산법』(길벗스쿨)

초등 1학년부터 6학년까지 학년별로 2권씩 총 12권으로 구성되어 있다. 하루에 한 장씩 풀면 일주일에 한 단계씩 끝낼 수 있으며, 3개월 정도 꾸준히 풀면 한 권을 뗄 수 있다. 학교 교육 과정에 따라 단계가 구성되어 학교 수업에도 많은 도움을 받을 수 있다. 특히 계산이 느리거나 연산 실수가 잦은 아이들에게 큰 효과를 발휘한다. 1학년의 경우 1권부터 시작하면 된다.

『기탄수학』(기탄교육)

A단계(유아 4~5세)부터 M단계(예비 중3)까지 각 단계마다 5권으로 구성되어 있다. 하루 5분에서 10분 정도 학습할 수 있는 분량으로 내용이 나눠져 있으며, 반복적인 요소가 강한 편이다. 비교적 치밀하고 과학적으로 설계되어 있어 개인별 맞춤 학습이 가능하다는 장점이 있다. 그리고 각 장마다 도입된 '표준 완성 기간 평가 시스템'으로 자녀의 학습 능력을 정확하게 파악할 수 있으며, 학습 성취도 역시 평가할 수 있다. 1학

년은 D단계를 기준으로 하되, 자녀의 수준에 따라 C단계나 E단계도 고려해볼 수 있다.

『수학 철저반복』(삼성출판사)

교육 과정을 기반으로 한 학교 수학 연계 연산 학습지로, 단계별로 공부할 수 있게끔 구성한 시리즈이다. PA단계(유아 만4~5세)부터 F단계(초6)까지(각 단계마다 5권으로 구성됨) 자녀의 연령과 학년에 따라 편리하게 선택할 수 있다. 하루에 두 장씩 뜯어서 풀도록 되어 있으며, 한 권이 한 달 치 분량이다. 중간중간 '1등 문제'와 매주 5일차마다 '문장제와 변형 문제' 등이 있어 다양한 유형의 문제를 푸는 재미를 느낄 수 있고, 성취감 또한 맛볼 수 있다. 숫자만 바꾼 연산 문제의 반복이 아니라 학습 원리에 의문을 가진 후 계산하도록 내용을 설계해 아이들에게 정확한 수학 개념을 형성해준다. 1학년은 A단계부터 시작하면 무난하다.

『메가 계산력』(메가북스)

초등 1학년부터 6학년까지 학년별로 2권씩 총 12권으로 구성되어 있다. 이 책은 자칫하면 아이들이 수학을 어려운 과목, 지루한 과목이라 여길 수 있다는 점을 충분히 고려했다. 그래서 수의 흐름에 따른 반복 학습 시스템인 '플로 스몰 스텝(Flow Small Step)'으로 개념 원리를 자연스럽게 깨우칠 수 있도록 내용을 구성했다. 연습, 반복, 완성의 단계로 이뤄져 있으며, 스스로 학습하면서 계산력을 향상시킬 수 있다. 1학년은 1권부터 시작하면 된다.

놀이 수학
: 잘 노는 아이가
수학도 잘한다

최근 생활 수학, 놀이 수학, 체험 수학, 사고력 수학과 같은 말들이 유행하고 있다. 표현만 조금씩 다를 뿐 알고 보면 다 비슷한 말들이다. 이것들은 머리로만 하는 수학이 아닌 몸으로 하는 수학을 일컫는다. 몸으로 부딪치고 경험하며 수학의 개념 원리를 배우는 것이다. 즐겁게 놀면서 공부하는 것, 이른바 '놀이 수학'이라고 할 수 있다.

다양한 활동이나 놀이 등을 활용해 수학을 가르치면 아이들은 수학에 대한 거부감을 느끼지 않고 굉장히 재미있어 한다. 특히 취학 전이나 초등 1학년처럼 어린아이들에게는 절대적이다. 머리로만 하는 수학은 중학교 때부터 해도 늦지 않다. 초등학교에서는 철저하게 머리가 아닌 몸으로 먼저 수학을 해야 한다. 그래야 아이들이 개념 원리를 잘 이해할 수 있고, 무엇보다 수학을 좋아하게 될 수 있다.

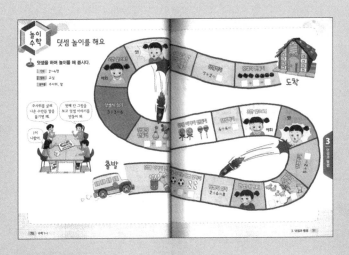

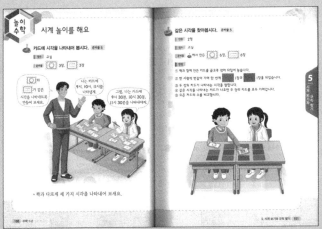

▲ 수학 교과서 단원마다 놀이수학이 수록되어 있다.

놀이 수학은 교과서에도 한 단원에 한 차시씩 소개되고 있다. 수학 시간에 딴청을 피우는 아이들도 이 시간만큼은 딴청을 안 피우고 적극적으로 수업에 참여하곤 한다. 심지어 어떤 아이들은 계속 놀이 수학만 하자고 조르기도 한다. 가정에서도 수학 교과서에 소개된 '놀이 수학'을 적극 활용하거나 이 책의 7장에 소개된 내용을 적극 활용하면 아이의 수학 흥미 향상을 꾀할 수 있을 것이다.

✏️ 몸으로 해봐야 기억에 오래 남는다

초등학교 아이들은 과학을 참 좋아한다. 그 이유는 간단하다. 실험을 하기 때문이다. 실험을 통해 배우는 과학이 재미있듯이 수학도 놀이를 통해 배워야 더 재미있다. 당연히 기억에도 오래 남는다. 들은 것은 잊어버리고(I hear and I forget), 본 것은 기억하며(I see and I remember), 해본 것은 이해한다(I do and I understand)고 했다. 보고 듣는 수학은 굉장히 많이 배울 것 같지만 금세 잊어버리고 만다. 몸으로 직접 해본 것만이 기억에 오랫동안 남는 법이다.

1학년 아이들이 가장 처음 배우는 내용은 '9까지의 수'이다. 아주 간단하다. 그저 물건의 개수를 '하나, 둘, 셋 … 여덟, 아홉'과 같이 세기만 하면 된다. 이 내용으로 바둑돌 세기 놀이를 해봤다. 놀이 역시 간단하다. 한 사람이 바둑돌을 한 움큼 쥐면 상대방이 그 바둑돌의 개수를 맞히는 것이다. 결과를 확인하기 위해 바둑돌을 셀 때는 반드시 소리 내어 '하나, 둘, 셋…'을 이야기하라고 했다. 이렇게 번갈아가며 10번을 했다. 어른들이 생각하기엔 유치하기 이를 데 없는 놀이지만 아이들은 난리가 났다. 자신이 예상한 숫자가 맞으면 환호성을 지르고, 틀리면 아쉬움의 탄성을 내뱉으며 진심으로 이 놀이를 즐겼다. 정해진 횟수를 다 채우고 "이제 그만" 했더니 더 하면 안 되느냐고 여기저기서 볼멘소리가 터져 나왔다. 정말 재미있기 때문이다. 이날 수업에서 아이들은 "하나, 둘, 셋…"을 얼마나 많이 셌는지 모른다. 평소 무의미하게 숫자를 셀 때는 단 3번도 지겨운데, 이때만큼은 아무도 지겹다는 아이가 없었다. 지겨움은커녕 오히려 더 하겠다며 적극적이었다. 한참 후에도 아이들은 이 놀이가 참 기억에 남는다고 했다.

수학은 생활 속에 숨어 있다

어린아이들의 소꿉놀이는 신기하다. 세상의 모든 것이 소꿉놀이의 소품으로 변한다. 모래는 밥이 되고 풀은 반찬이 된다. 세상의 어느 것 하나 버려지는 것 없이 모두 소꿉놀이의 소품으로 다시 태어난다. 소꿉놀이처럼 수학도 생활 속의 모든 것이 공부의 소재가 되어야 더 재미있고 흥미롭다. 아주 사소한 것이라도 수학과 연관 지어 생각하다 보면 수학을 더 좋아하게 될 뿐만 아니라 응용력이 발달하게 된다. 마음만 먹으면 생활 속의 거의 모든 것이 수학 공부의 소재가 될 수 있다.

예를 들어 아이와 함께 차를 타고 가다가 차가 막힐 때 앞차나 뒤차의 번호판을 보며 큰 수 찾기나 덧셈 등의 숫자 놀이를 하면 아이가 지겨워할까? 밥 먹기 전 반찬의 가짓수를 세어보거나 콩자반을 먹으며 콩 개수 세기를 하면 아이가 왜 또 수학 공부를 시키느냐며 불만을 터뜨릴까? 계단을 오르내릴 때 하나, 둘, 셋 숫자를 세면 아이가 너무 재미없다고 할까? 그렇지 않다. 오히려 이 같은 활동을 지겨워하고 귀찮아하는 건 어른들이다. 아이들은 마냥 즐거워한다. 공부가 아니라 놀이로 생각하기 때문이다.

생활 속의 아주 사소한 것에서 수학을 발견하고, 이를 아이와 함께 해보는 활동은 수학적으로도 훌륭할 뿐만 아니라 좋은 추억으로 남는다. 어린아이들일수록 무조건 수학을 문제집이나 학습지로 공부해야 한다는 생각은 위험하다. 자음과 모음부터 차근차근 배워서 한글을 떼는 아이가 있는가 하면, 길거리의 간판을 유심히 보다가 한글을 떼는 아이도 있다. 수학도 마찬가지다. 반드시 체계적으로 배울 필요는 없다. 생활 속 수학으로 자꾸 접하다 보면 간판을 통해 한글을 떼는 아이처럼 자연스럽게 수학을 잘할 수 있게 된다. 생활 속에서 배우는 것이 진짜이고 힘이 세다는 것을 부모들은 이미 알고 있지 않은가?

수학을 문제집이나 학습지라는 닭장 속에 너무 가둬두면 안 된다. 수학을 풀어줘야 한다. '문제집을 나온 수학'은 아이를 흥분시킨다. '학습지를 뛰쳐나온 수학'은 아이를 창의적으로 만든다. 지금 이 순간, 닭장 열쇠는 부모의 손 안에 있다.

📝 교구 놀이, 가격보다는 활용도를 따진다

교구 놀이는 놀이 수학의 한 종류로서 교구를 가지고 놀면서 수학적인 감각과 직관력 등을 키워주는 활동이다. 교구는 수 카드, 수 막대, 칠교판, 점판과 같이 간단한 것부터 레고 블록, 퍼즐, 가베처럼 거창한 것까지 다양하다. 그리고 이런 교구들의 가짓수는 점점 더 늘어나고 있다. 여기서 문제는 이런 교구들에 대한 부모들의 태도가 혼란스럽다는 점이다. 어떤 교구들은 그 값이 결코 만만치 않다. 과연 거금을 들여서라도 반드시 모든 교구를 사줘야 하는 것일까?

교구를 다뤄본 아이들은 대체로 직관력이나 공간 지각 능력 등이 발달한다. 어릴 때 교구를 많이 가지고 놀아본 아이들은 수학 중에서도 도형 영역을 좋아하는 경향이 있기도 하다. 그렇다고 해서 몇 십 만원

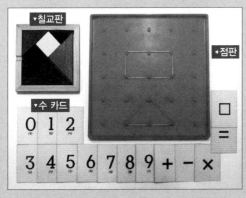

◀ 수학 놀이를 할 수 있는 다양한 교구들. 아이의 성향과 배우는 내용을 잘 파악해 고른 다음 제대로 활용하면 수학적 감각과 직관력을 향상하는 데 기대 이상의 효과를 거둘 수 있다.

을 호가하는 교구들을 마구잡이로 사줄 순 없는 노릇이다. 비싼 교구가 아이의 수학적 감각을 높여줄 거라는 편견은 일찌감치 버리는 게 현명하다. 오히려 비싼 가격 탓에 교구를 신주단지 모시듯 하는 부모들이 있는데, 이런 교구는 두꺼운 종이로 대충 만든 주사위만도 못하다.

교구를 살 때는 가격보다는 활용도를 최우선 순위로 고려해야 한다. 간단한 주사위라도 잘만 활용하면 아주 좋은 교구가 될 수 있다. 주사위로 할 수 있는 놀이만 해도 헤아릴 수 없을 만큼 많다. 바둑돌 몇 개를 가지고 할 수 있는 놀이 역시 무궁무진하다. 색종이 접기로도 어느 교구 못지않은 효과를 거둘 수 있다. 그러므로 비싼 교구를 사주지 못해 안타까워하는 마음은 애당초 가지지 않아도 된다. 세상에 널려 있는 모든 것이 교구가 될 수 있기 때문이다.

06 표현 수학: 배운 내용을 어떻게 표현하느냐에 따라 실력이 달라진다

'종은 울리기 전에는 종이 아니고, 사랑은 표현하기 전에는 사랑이 아니다'는 표현의 중요성을 강조한 말이다. 같은 맥락에서 '수학은 설명하기 전에는 수학이 아니다'라는 말로 표현할 수 있을 듯하다. 말이나 글로 설명할 수 있는 건 제대로 이해한 것이라 할 수 있다. 반면 말이나 글로 표현이나 설명이 안 되는 건 아직 잘 모르는 것이나 다름없다. 자신이 배운 내용을 어떤 형태로든지 말이나 글로써 설명해보는 습관은 단연 최고의 공부 습관이다.

🖊 나날이 실력을 쌓는 수학 일기

'생각 없이 말할 수는 있어도 생각 없이 쓸 수는 없다'라는 말이 있다. 사실 글쓰기만큼 생각이 많이 필요한 활동도 드물다. 글을 쓰면 아는 것과 모르는 것이 구분되고, 아는 것이 정리될 뿐만 아니라 분명해지고 깊어진다. 자신이 배운 내용을 곰곰이 반추하며 그것을 글로 적어 보는 활동은 지식을 자기 것으로 만드는 가장 확실한 방법 중 하나이다. 이런 의미에서 '수학 일기'는 수학을 심도 있게 공부하는 방법 중 가장 추천할 만하다.

수학 일기는 수학과 관련된 내용을 주제 및 소재로 활용한 일기이다. 수학 일기를 쓰면 수학적 사실이나 지식, 개념 원리 등을 더 깊이 이해하게 된다. 그리고 수학에 대한 태도를 긍정적으로 바꿔준다. 수학을 잘하려면 수학적인 지식이나 기능이 필요하다. 그러나 이보다 더 중요한 것이 있는데, 그것이 바로 수학에 대한 생각과 태도이다. 앞서 언급했듯이 수학 일기는 수학적 지식을 기를 수 있을 뿐만 아니라 수학에 대한 태도를 바꾸는 데 아주 효과적이다. 일기를 쓰는 중요한 목적 가운데 한 가지는 자신의 일상을 반성하고 좀 더 나은 모습으로 변화시키기 위해서다. 이를 생각하면 수학 일기를 왜 써야 하는지 답이 딱 나온다. 수학 일기를 쓰면서 길러지는 이해력이나 상상력, 표현력 등은 기분 좋은 덤이다.

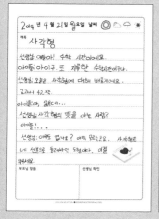

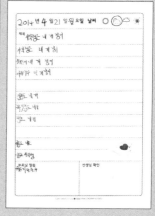
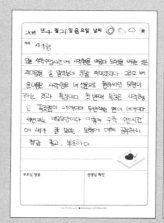
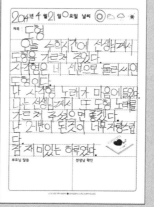

▲ 2학년 아이들이 '사각형'을 배운 다음에 쓴 수학 일기. 같은 내용을 배웠어도 아이들마다 일기의 형식과 내용은 각각 다르다.

• 아는 만큼 느낄 수 있고 또 쓸 수 있다

아이들이 쓴 수학 일기는 그야말로 천차만별이다. 같은 내용을 배우고 쓴 일기인데도 하나하나 읽어보면 도무지 그런 것 같지 않다. 그만큼 학생 개개인마다 같은 내용을 받아들이는 차이가 상당한 셈이다. 아이들이 쓴 수학 일기를 보면 그 날의 수업 내용을 어느 정도 이해했는지 금세 알 수 있다. 아이들은 아는 만큼 느낄 수 있고, 또 쓸 수 있기 때문이다.

• 수학 일기를 쓸 때 유의 사항

수학 일기를 쓰라고 하면 어떤 아이들은 '오늘 두 자리 수 덧셈을 배웠다. 참 어려웠다'와 같이 소감이나 느낌만을 간단하게 쓴다. 이런 일기는 일반적인 일기일 뿐 수학 일기는 아니다. 이것이 수학 일기가 되려면 다음과 같이 바뀌어야 한다.

'오늘 두 자리 수 덧셈을 배웠다. 두 자리 수 덧셈은 일의 자리는 일의 자리끼리 더해야 하고, 십의 자리는 십의 자리끼리 더해야 한다. 그런데 받아 올림이 있으면 정말 머리가 아프다. 오늘 배운 수학은 참 어려웠다.' 이처럼 수학 일기를 쓸 때는 배운 내용이 구체적으로 들어가야 하며, 그 과정에서 느꼈던 감정이나 소감 등이 간단히 곁들여지면 좋다.

수학 일기는 너무 자주 쓰게 하면 오래가지 못한다. 매일 수학 일기를 쓰게 하는 부모들이 있는데, 이는 바람직하지 않다. 일반적인 일기도 매일 쓰는 아이들이 거의 없는 실정인데, 하물며 수학 일기를 매일 쓰라고 하면 어떻게 될까? 처음에는 일주일에 한 번 정도 쓰라고 하는 것이 좋다. 이후 아이가 원하는 경우에 한해서만 점점 횟수를 늘려가는 것이 현명하다. 만약 아이가 일주일에 세 번 일기를 쓴다면 그중에 한 번만 수학 일기를 쓰게 하는 정도가 딱 적당하다.

수학과 관련된 모든 내용은 수학 일기의 좋은 주제와 소재가 된다. 새롭게 알게 된 개념 원리뿐만 아니라 어떤 문제를 해결해가는 과정이나 어려움, 더 알고 싶은 점이나 느낀 점 등은 단골 주제 및 소재가 될 수 있다. 그리고 수학 일기의 형식은 정해져 있지 않다. 그저 자유롭게 쓰면 그만이다. 일반적인 일기를 그림, 만화, 편지, 동시 등 다양한 형식으로 쓸 수 있듯이 수학 일기도 다양한 형식을 빌려 쓰고 싶은 대로 쓰면 된다.

✎ 때로는 아이도 선생님이 되어야 한다

자신이 알고 있는 내용을 확인해볼 수 있는 가장 확실한 방법이 있다. 그것은 바로 다른 사람에게 그 내용을 가르쳐보면 된다. 만약 자신이 알고 있는 내용을 술술 이야기하며 자기 자신과 누군가를 가르칠 수 있다면 그 지식은 완전히 자기 지식이 된 것이나 다름없다. 하지만 자꾸 앞뒤가 꼬이거나 표현이 되지 않는다면 아직 잘 모르는 것이다. 이처럼 가르치는 일만큼 많이 배울 수 있는 활동도 없다. 수학 역시 예외는 아니다.

학교 교육의 가장 큰 문제점 중 하나는 끊임없이 배우기만 한다는 것이다. 끊임없이 배우지만 이를 표현할 기회는 거의 없다. 고학년 아이들의 경우 수업 시간에 단 한 마디의 말도 하지 않은 채 하교하는 날이 대부분이다.

저학년 아이들은 그보다는 낫다고 할 수 있겠지만 실제로 표현해보는 시간을 가늠하면 하루에 채 5분이 되지 않는다. 이런 이유로 말미암아 아이들이 가장 못하는 활동이 바로 말로 표현하는 것이다. 수업시간에 수학 문제를 혼자서는 기가 막히게 잘 풀어도 앞으로 나와 설명하면서 풀어보라고 하면 제대로 하는 아이가 거의 없다. 아는 것과 가르치는 것은 다르다. 가르치려면 단순히 아는 것을 넘어서 훨씬 더 확실하게 깊이 이해해야 한다.

혼자 골방에 틀어박혀 머리를 싸매고 고민하면서 수학 문제를 풀면 굉장히 효과적일 것 같지만 결코 그렇지 않다. 혼자 공부하다 보면 잘 이해가 되지 않아도 어물쩍 넘어가기 쉽다. 하지만 다른 사람에게 설명하고자 한다면 이런 공부 방법으로는 어림없다.

누군가에게 설명하기 위해서는 그것을 분명히 이해해야 할 뿐만 아니라 자기만의 언어로 표현할 줄 알아야 한다. 적당히 이해해서는 절대로 불가능하다. 문제 풀이 과정을 자기만의 언어로 표현하려면 깊이 있는 사고를 할 수밖에 없으며, 연관된 수학 개념 원리 또한 확실히 이해해야 한다.

그리고 무엇보다 아이에게 말할 기회를 많이 줘야 한다. 가장 쉬우면서도 좋은 방법은 그 날 배운 수학 내용에 대해 가족에게 설명해보라고 하는 것이다. 작은 화이트보드를 하나 준비해 부모나 형제자매 앞에서 설명하게 한다. 만약 동생이 있다면 가장 좋다. 대개 동생은 형, 누나, 언니, 오빠가 알고 있는 수학 지식을 아직 모르는 상태이기 때문이다. 이런 과정을 거치면서 아이는 자신이 배운 수학 지식을 깊이 내면화할 수 있다.

수학은 문제를 많이 푸는 것보다는 한 문제라도 정확하고 확실하게 아는 것이 훨씬 더 중요하다. 가족 앞에서 배운 내용을 설명해보는 것은 수학 지식을 가장 정확하고 확실하게 '자기 것'으로 만들 수 있는 굉장히 좋은 방법이다. 더군다나 초등 1학년 아이들은 표현의 욕구가 하늘을 찌르니 더욱더 효과 만점이다.

✏️ 문제 풀이 연습장이 필요한 이유

언젠가 1학년 남자아이가 수학 시험지를 받자마자 이런 말을 했다. "아, 풀이 과정 쓰기 싫은데…" 당시 시험 문제 중 절반 이상은 풀이 과정과 답을 쓰라는 것이었다. 아이는 시험을 보는 내내 곤란한 표정을 지었다. 비단 이 아이뿐만이 아니다. 대다수의 아이들이 풀이 과정과 답을 쓰라는 서술형 평가 문제를 부담스러워한다.

모로 가도 서울만 가면 된다는 식의 객관식이나 단답형 위주의 수학 시험 문제 시대는 이미 막을 내렸다. 이제는 정답이 나오기까지의 과정을 꼼꼼하게 적어야 하는 서술형 평가 문제가 대세다. 정답을 맞혔어도 풀이 과정이 엉망이면 당연히 점수가 깎인다.

아이들이 서술형 평가 문제를 두려워하는 이유는 객관적이면서 논리적인 글쓰기가 안 되기 때문이다. 대부분의 저학년 아이들은 지극히 주관적이고 정서적인 글쓰기를 한다. 일기를 쓸 때 '나는 오늘'로 시작해서 '참 재미있었다'로 끝맺는 구조가 가장 대표적인 예라고 할 수 있다. 주로 이런 글을 쓰는 아이들에게 객관적이면서도 논리적으로 표현해야 하는 서술형 평가 문제는 큰 부담일 수밖에 없다.

세월이 흘러 고학년이 되면 좀 나아질까? 아쉽지만 딱히 그렇지 않다. 논리적인 글쓰기는 훈련의 산물이다. 그러므로 평소에 풀이 과정을 정리해 정갈하게 쓰는 습관을 길러주는 것이 가장 좋다. 아이가 수학 문제를 풀 때 별도의 연습장을 마련해 그곳에 풀이 과정을 쓰면서 문제를 풀게 하면 시나브로 사고가 논리적으로 바뀔 수 있다.

수학 문제를 풀 때 이곳저곳 아무 데나 계산하고 정답도 아무렇게나 날려 쓰는 아이들이 많다. 이런 아이들은 시험에 서술형 평가 문제가 나오면 답안을 쓰는 데 애를 먹는다. 그러므로 평소에 수학 문제를 풀 때마다 풀이 과정을 정리해서 쓰는 습관을 들여야 한다.

자신이 생각한 풀이 과정을 논리적인 흐름에 따라 자신의 언어로 표현할 수 있어야 한다. 그리고 문제 풀이 연습장은 굳이 반듯반듯한 글씨로 쓸 필요가 전혀 없다. 물론 다른 사람이 알아보지 못할 만큼 괴발개발 쓰는 것은 경계해야 하지만 중요한 것은 반듯반듯한 글씨나 수려

한 문장이 아니다. 무엇보다도 자신의 생각을 정리하는 습관과 논리적인 흐름에 따라 표현하는 일이 가장 중요하다.

7장

초등 1학년을 위한 수학 놀이

이스라엘의 유아 교육 원칙 중 하나는 수와 문자에 대한 지도를 금한다는 것이다. 수와 문자는 추상적이기 때문에 잘못 가르칠 경우 자칫하면 유아들에게 과도한 스트레스를 줄 수 있기 때문이라고 한다. 그래서 수와 문자의 교육 대신 만들기, 그림 그리기, 노래 부르기, 예절 교육 등에 집중한다고 한다. 우리와는 전혀 딴판이다. 입학 전에 수와 문자를 가르치지 않아도 노벨상을 휩쓰는 모습을 보면 우리보다는 그네들의 교육 방식이 더 나은 것이 아닐까? 우리에게 시사하는 바가 크다고 생각한다.

유대인들의 이런 원칙이 부디 우리나라에서도 지켜졌으면 좋겠다. 그리고 수학에서도 반드시 이런 원칙이 지켜져야 한다. 이 같은 원칙을 지키면서도 얼마든지 수학을 잘하고 좋아하게 할 수 있다. 수학을 놀이처럼 가르치면 그뿐이다. 『명심보감(明心寶鑑)』 「성심편(省心篇)」에 이런 구절이 나온다.

不經一事 不長一智(불경일사 부장일지)
한 가지 일을 겪지 않으면 한 가지 지혜가 자라지 않는다.

수학을 놀이처럼 가르치다 보면 위 구절처럼 아이의 지혜가 자랄 것이다. 그뿐만 아니라 수학을 사랑하는 마음 또한 자라날 것이다. 하지만 수학을 놀이처럼 가르치지 않으면 지혜는커녕 수학에 대한 미움만 솟아날 것임이 분명하다.

이 장에서는 바둑돌, 주사위, 카드와 같이 아주 간단한 준비물만 가지고도 할 수 있는 수학 놀이를 위주로 소개했다. 부모와 아이가 함께 수학 놀이를 하다 보면 재미는 물론, 수학 실력의 향상까지 도모할 수 있을 것이다.

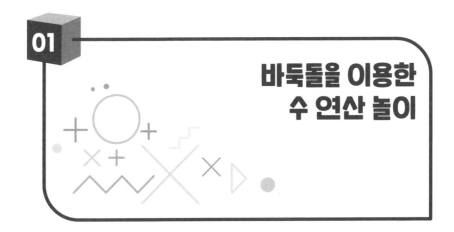

01 바둑돌을 이용한 수 연산 놀이

바둑돌은 우리 주변에서 흔히 볼 수 있는 간단한 물건이면서 동시에 수학적으로 활용하기에 아주 좋은 교구이다. 손으로 만져지는 촉감이 좋을 뿐만 아니라 활용도 역시 굉장히 다양한 편이다.

✏️ 내가 가진 바둑돌은 몇 개?

10까지의 수 세기를 익힐 때 지루하지 않게 해볼 수 있는 놀이이다. 상대방이 가져간 바둑돌의 개수를 맞히면 된다.

> 🔍 **놀이 인원:** 2명(A, B)
>
> 🔍 **준비물:** 바둑돌 10개, 주머니
>
> 🔍 **놀이 방법**
>
> 1. A가 주머니 속에서 바둑돌을 한 움큼 꺼낸다.
>
> 2. B는 A가 꺼낸 바둑돌의 개수를 말한다.
>
> 3. "짠!" 하고 손바닥을 편 다음, 둘이 함께 바둑돌의 개수를 센다.
>
> 4. 바둑돌의 개수를 정확하게 맞히면 1점을 얻는다. 먼저 5점을 얻는 사람이 이긴다.

✏️ 홀짝 놀이

홀짝 놀이는 일명 '짤짤이'라고 해서 인식이 별로 좋지 않다. 하지만 홀수와 짝수의 개념을 형성하고 수 세기를 지도하는 데 이만한 놀이가 없다.

> 🔍 **놀이 인원:** 2명(A, B)
>
> 🔍 **준비물:** 바둑돌 10개, 주머니
>
> 🔍 **놀이 방법**
>
> 1. A가 주머니 속에서 바둑돌을 한 움큼 꺼내 B에게 손을 내민다. 단, 손이 너무 작다면 두 손으로 꺼내도 된다.
>
> 2. B는 A가 꺼낸 바둑돌의 개수가 홀수인지 짝수인지를 말한다.

3. 손을 펴서 바둑돌이 홀수인지 짝수인지를 확인한다.

4. 홀짝을 정확하게 맞히면 1점을 얻는다. 먼저 5점을 얻는 사람이 이긴다.

✏️ 님 게임(Nim Game)

수학적 전략 게임을 '님 게임'이라고 부른다. 님 게임에는 여러 종류가 있지만, 여기서는 1학년 아이들이 쉽게 할 만한 난이도의 게임을 소개한다.

🔍 **놀이 인원:** 2명

🔍 **준비물:** 바둑돌 13개

🔍 **놀이 방법**

1. 바둑돌 13개를 늘어놓는다. 바둑돌은 아무렇게나 늘어놓아도 상관없다.

2. 가위바위보로 순서를 정한다.

3. 서로 번갈아가며 한 개 또는 두 개의 바둑돌을 가져온다. 최대 두 개까지만 가져올 수 있다.

4. 마지막 바둑돌을 가져오는 사람이 이긴다. 이 게임은 여러 번 하다 보면 첫 번째 바둑돌을 가져오는 사람이 유리하다는 사실을 알 수 있다.

🖊 바둑돌 빼기 놀이

대부분의 아이들은 덧셈보다는 뺄셈을 조금 더 어려워한다. 처음으로 뺄셈을 배우는 아이들에게 효과적인 놀이이다.

🔍 놀이 인원: 2명(A, B)

🔍 준비물: 바둑돌 10개, 주머니

🔍 놀이 방법

1. A가 주머니 속에서 바둑돌을 한 움큼 꺼내 B에게 손을 내밀어 몇 개인지 보여준다.

2. B는 주머니 속에 남은 바둑돌이 몇 개인지를 말한다. 단, 부모에게는 너무 쉬우므로 의도적으로 틀리게 말해준다. 그리고 아이의 수준에 따라 바둑돌의 개수를 조정하면 좋다.

3. 정답을 맞히면 1점을 얻는다. 먼저 5점을 얻는 사람이 이긴다.

🖊 내가 가져간 바둑돌은 몇 개?

50까지의 수 세기를 익히기에 아주 좋은 놀이이다. 상대방이 가져간 바둑돌을 보고 몇 개인지를 맞히면 된다.

○ 놀이 인원: 2명

○ 준비물: 바둑돌 50개

○ 놀이 방법

1. 책상 위에 바둑돌 50개를 놓는다.

2. 가위바위보에서 이긴 사람이 먼저 바둑돌을 몇 개 가져온 다음, 재빨리 손으로 가린다.

3. 진 사람은 5초 동안 이긴 사람의 바둑돌을 보며 몇 개인지를 말한다.

4. 말한 내용이 맞는지 둘이 함께 바둑돌의 개수를 센다.

5. 가져간 바둑돌이 몇 개인지를 정확하게 맞히면 1점을 얻는다. 먼저 5점을 얻는 사람이 이긴다.

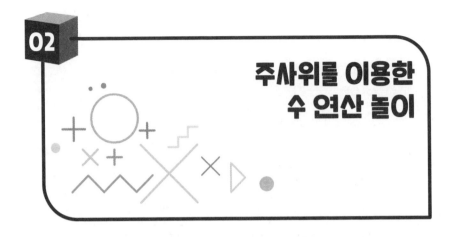

주사위를 이용한 수 연산 놀이

주사위는 간단하지만 묘한 마력을 지닌 교구이다. 주사위 던지기를 싫어하는 아이들이 거의 없을 정도이다. 주사위만 잘 활용해도 연산 훈련을 제대로 재미있게 할 수 있다.

✏️ 주사위 덧셈 놀이

주사위를 던져 한 자리 수의 덧셈을 잘할 수 있게 만드는 놀이이다. 아주 간단하지만 이 놀이를 하면 아이의 머릿속에서는 덧셈 폭풍이 일어난다.

🔍 놀이 인원: 2명

🔍 준비물: 주사위 2개

🔍 놀이 방법

1. 가위바위보에서 이긴 사람이 먼저 주사위 2개를 동시에 던져 그 눈의 합을 구한다.

2. 진 사람도 주사위 2개를 동시에 던져 그 눈의 합을 구한다.

3. 주사위 눈의 합이 높은 사람이 이긴다.

4. 이긴 사람은 1점을 얻으며, 먼저 5점을 얻는 사람이 이긴다. 단, 아이의 수준에 따라 주사위 3개를 동시에 던져 그 눈의 합을 구하게 할 수도 있다.

✏️ 주사위 뺄셈 놀이

주사위를 던져 한 자리 수의 뺄셈을 잘할 수 있게 만드는 놀이이다. 덧셈 놀이와 마찬가지로 아주 간단하지만 이 놀이를 하는 동안 아이의 머릿속에서는 뺄셈 폭풍이 일어난다.

🔍 놀이 인원: 2명

🔍 준비물: 주사위 2개

🔍 놀이 방법

1. 가위바위보에서 이긴 사람이 먼저 주사위 2개를 동시에 던져 그 눈의 차

를 구한다.

2. 진 사람도 주사위 2개를 동시에 던져 그 눈의 차를 구한다.

3. 눈의 차가 낮은 사람이 이긴다.

4. 이긴 사람은 1점을 얻으며, 먼저 5점을 얻는 사람이 이긴다. 단, 아이의 수준에 따라 주사위 3개를 동시에 던져 두 눈은 더하고 한 눈은 빼게 할 수도 있다.

✏️ 덧셈을 할까? 뺄셈을 할까?

수학 교과서에도 나와 있는 놀이로, 수업 시간에 이 놀이를 하면 아이들이 아주 재미있어 한다. 한 자리 수의 덧셈과 뺄셈을 동시에 익히는 데 굉장히 효과적이다.

🔎 **놀이 인원:** 2명

🔎 **준비물:** 주사위 2개, 놀이판 2개, 색이 다른 색연필 2자루

🔎 **놀이 방법**

1. 가위바위보로 먼저 주사위를 던질 사람을 정한다.

2. 이긴 사람이 주사위 2개를 동시에 던져 나온 두 수의 합과 차를 구한다. 예를 들어 3과 4가 나왔다면 두 수의 합은 7이고 차는 1이 된다.

3. 합과 차에 해당하는 놀이판의 수에 색칠한다.

4. 20칸을 먼저 색칠한 사람이나 더 많은 칸을 색칠한 사람이 이긴다.

<놀이판>

0	1	2	3	4	5
1	2	3	4	5	6
2	3	4	5	6	7
3	4	5	6	7	8
4	5	6	7	8	9
5	6	7	8	9	10

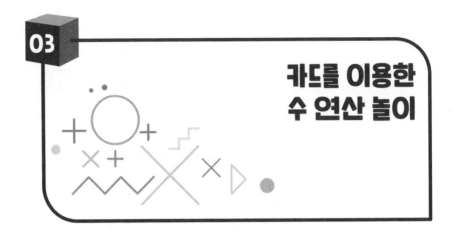

카드를 이용한 수 연산 놀이

간단한 숫자 카드는 펜과 종이만 있으면 아주 쉽게 만들 수 있다. 물론 시중에서 판매하는 트럼프 카드를 이용해도 좋다. 카드놀이의 종류가 다양한 걸 보면 카드는 분명 흥미로운 놀이 도구이다. 이런 속성을 수학적으로 잘 활용하면 된다.

✏️ 10 만들고 합 구하기

수학 교과서에도 나와 있는 카드놀이이다. 한 자리 수 덧셈을 훈련할 수 있을 뿐만 아니라 10의 보수를 공부하는 데도 큰 도움이 된다.

🔍 놀이 인원: 2~3명

🔍 준비물: 1부터 9까지 숫자 카드 2벌

🔍 놀이 방법

1. 숫자 카드를 가운데 엎어 놓은 다음, 한 사람당 5장씩 카드를 가져간다.

2. 가져간 카드 5장 중 2장 또는 3장을 이용해 10을 만든다.

3. 10을 만들고 난 다음, 나머지 카드에 적힌 수를 더한다. 만약 5장의 카드가 '2, 3, 5, 7, 9'라면 '2, 3, 5'로 10을 만들고, 나머지 '7, 9'를 더하면 된다.

4. 합이 가장 큰 사람이 1점을 얻는다.

5. 같은 방법으로 먼저 5점을 얻는 사람이 이긴다.

✏️ 10의 보수 놀이

10의 보수 만들기는 받아 올림이 있는 덧셈이나 받아 내림이 있는 뺄셈을 하기 전에 거쳐야 할 가장 필수적인 단계이다. 카드놀이를 하면서 10의 보수 관계를 재미있게 익힐 수 있다.

🔍 놀이 인원: 2~4명

🔍 준비물: 1부터 9까지 숫자 카드 3벌

🔍 놀이 방법

1. 숫자 카드를 가운데 엎어 놓은 다음, 한 사람당 3장씩 카드를 가져간다.

2. 네 번째 카드부터는 가져가는 카드와 자신이 이미 가지고 있는 카드의

합이 10이 되면 카드를 내려놓는다. 만약 내려놓을 카드가 없다면 계속 카드를 가져가야 한다.

3. 카드를 가장 먼저 전부 내려놓은 사람이 이긴다.

✏️ 카드 덧셈 놀이

카드놀이로 덧셈을 가르치면 아이들은 수학 공부를 한다고 생각하기보다는 그저 재미있게 논다고 인식한다.

🔍 놀이 인원: 2~4명

🔍 준비물: 트럼프 카드 1벌

🔍 놀이 방법

1. 카드를 가운데 엎어 놓은 다음, 한 사람당 4장씩 카드를 가져간다. 카드 중 10, J, Q, K, 조커 등은 빼놓고 한다.

2. 가져간 4장의 카드로 두 자리 수를 두 개 만든 후 더한다. 만약 '7, 6, 4, 3'을 가져갔다면 74와 63을 만들 수 있다.

3. 더한 수가 가장 큰 사람이 이긴다.

※ 1학년 아이들은 십의 자리에 큰 수를 놓아야 유리하다는 사실을 처음에는 잘 모른다. 그렇다고 해서 가르쳐줄 필요는 없다. 몇 번 하다 보면 자연스럽게 깨닫는다.

※ 덧셈 결과가 100이 넘어가는 상황을 아이가 어려워한다면 6 이상의 카드는 빼놓고 할 수도 있다.

✏️ 카드 뺄셈 놀이

카드로 뺄셈 놀이를 하면 여러 가지 경우의 수를 따질 수도 있고, 받아 내림도 자연스럽게 익힐 수 있다는 장점이 있다. 이 놀이는 다소 난이도가 있기 때문에 2학년이나 3학년 아이들도 재미있게 할 수 있다.

🔍 놀이 인원: 2~4명

🔍 준비물: 트럼프 카드 1벌

🔍 놀이 방법

1. 카드를 가운데 엎어 놓은 다음, 한 사람당 4장씩 카드를 가져간다. 카드 중 J, Q, K, 조커 등은 빼놓고 한다. 경우에 따라 'J=11, Q=12, K=13, 조커=임의 수'로 정해서 하면 더 재미있다.

2. 가져간 4장의 카드에서 각각 두 장씩 뽑아 짝을 지은 다음 더한다. 만약 '7, 6, 4, 3'을 가져갔다면 '7, 3', '6, 4'로 짝을 지어 10을 두 개 만들 수 있다.

3. 두 수를 빼서 더 작은 수가 나온 사람이 이긴다. ②에서 만든 두 수의 차는 0이다. 이때 상대방의 차가 5라면 0이 나온 사람이 이기는 것이다.

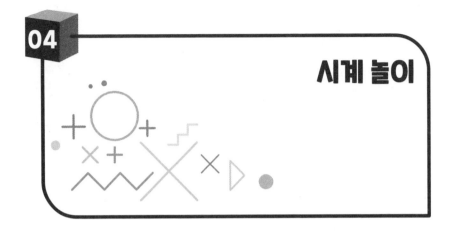

04 시계 놀이

시계 속에는 여러 가지 진법들이 혼재되어 있어 아이들이 상당히 어려워한다. 자칫 딱딱해지기 쉬운 시계 보기를 놀이를 통해 배운다면 훨씬 더 재미있으며 기억에도 오래 남는다.

✏️ 같은 시각 찾기 시계 놀이

시계를 처음 배울 때 시각을 정확히 읽는 데 도움이 되는 놀이이다. 1학년은 '몇 시', '몇 시 반' 정도의 시각만 알면 된다.

놀이 인원: 2명

 준비물: 와 같이 시각이 그려진 카드 10장,

7:00 와 같이 시각이 써진 카드 10장

 놀이 방법

1. 카드 20장을 쌓아 놓는다.

2. 가위바위보로 순서를 정한다.

3. 한 사람씩 번갈아 가며 카드 1장을 뒤집는다.

뒤집은 카드와 같은 시각의 카드가 바닥에 있으면 모두 가져간다.

예를 들어 뒤집은 카드가 인데 바닥에 카드가 있으면 가져

간다.

4. 카드를 6장 먼저 가져오는 사람이 이긴다.

✏️ 다섯 고개 시계 놀이

시계에 대해 어느 정도 익혔다면 다섯 고개 놀이를 통해 얼마든지 재미있게 공부할 수 있다. 정확한 시각을 맞히기 위해서는 적절한 질문이 필요한데, 이때 아이의 머릿속에서는 사고의 폭풍이 일어난다.

🔍놀이 인원: 2명

🔍준비물: 모형 시계

🔍놀이 방법

1. 먼저 가위바위보로 공격과 수비를 정한다. 보통 이긴 사람이 수비를, 진 사람이 공격을 한다.

2. 수비는 모형 시계에 임의의 시각을 맞춘 뒤 보이지 않게 뒤집어놓는다.

3. 공격은 다음과 같은 질문을 하면서 모형 시계의 시각을 추측한다.

⇒ ~시보다 늦은(이른) 시각입니까?

⇒ ~시와 ~시 사이에 있는 시각입니까?

⇒ 긴바늘은 5와 8사이에 있습니까?

4. 수비는 "예" 또는 "아니오"로만 대답해야 한다.

5. 위와 같이 놀이를 진행해 공격이 다섯 번 안에 맞히면 공격이 이기고, 못 맞히면 수비가 이긴다.

측정 놀이

측정에서 가장 중요한 것은 양감 익히기이다. 양감이 형성되고 있는 어린아이일수록 양을 잴 수 있는 기회를 많이 줘야 한다. 이를 위해서는 측정 놀이가 필수적이다.

🖊️ 누구 색종이 길이가 가장 길까?

색종이를 오려서 길게 이어 붙이기 놀이이다. 1학년 아이들의 조작 능력은 가위질이나 풀칠도 잘 못하는 수준이다. 아이들의 조작 능력도 향상시킬 수 있고 길이 감각도 향상시킬 수 있는 놀이이다.

🔎 놀이 인원: 혼자 해도 되고 여러 명이 같이 해도 됨

🔎 준비물: 개인당 색종이 한 장, 가위, 풀

🔎 놀이 방법

1. 색종이를 최대한 잘게 오린다.

2. 잘게 오린 색종이를 풀을 이용해 붙여 최대한 길게 만든다.

3. 길게 만든 색종이 길이를 잰다.

※ 혼자 할 때는 이전에 만든 것보다 더 길게 하는 것을 목표로 하면 된다.

※ 둘 이상일 때는 가장 길게 만든 사람이 이긴다.

※ 모둠별로 할 때는 각자가 만든 색종이를 이어 붙여 가장 길게 만든 모둠이 이긴다.

✏️ 날아간 종이비행기의 거리는?

종이비행기는 만들기 쉬울 뿐만 아니라 언제 어디에서든지 간편하게 날릴 수 있기 때문에 놀이하기에는 딱 제격이다. 이 놀이를 통해 종이비행기를 만들며 조작 능력을 기르고, 날아간 종이비행기의 거리를 재면서 양감도 신장시킬 수 있다.

🔎 놀이 인원: 2명 이상

🔎 준비물: 종이비행기

🔎 놀이 방법

1. 각자 종이비행기를 접는다.

2. 밖으로 나가 출발선을 그린 다음, 다 같이 그곳에 서서 종이비행기를 날린다.

3. 출발선으로부터 종이비행기까지의 거리가 몇 발자국인지 잰다. (발자국이 아닌 손뼘으로 해도 무방하다.) 만약 부모와 아이가 이 놀이를 한다면 부모는 부모의 발로 재고 아이는 아이의 발로 재면 공평하다. 또는 아이가 모두 재게 한다.

4. 종이비행기가 더 멀리 날아간 사람이 이긴다. 이때 앞서 발자국으로 측정한 차이를 표현해보게 한다. 예를 들어 아이가 10 발자국이 나오고 엄마가 12 발자국이 나왔다면 "엄마의 종이비행기가 내 것보다 두 발자국 더 멀리 날아갔다"라고 표현하게 하면 된다.

🖊 한 다리로 서 있기

어린아이들은 평형 감각이 아직 완성되지 않았기 때문에 한 다리로 서 있기가 잘되지 않는다. 이 놀이는 한 다리로 서 있는 것을 훈련시켜 아이들의 평형감각을 발달시켜줄 뿐만 아니라 시간의 '초' 감각 또한 길러줄 수 있다.

🔍 놀이 인원: 1명 이상

🔍 준비물: 초시계

🔍 놀이 방법

1. 아이는 "시작!"이라는 구령과 함께 한 다리로 선다.

2. 부모는 "1초, 2초, 3초…"라고 말하며 시간을 잰다. 이때 말을 하는 이유는 아이에게 '초'라는 단위 시간의 길이를 내면화시키기 위해서다.

3. 아이가 쓰러지거나 바닥에 양다리를 딛게 되었을 때 기록을 말해준다.

※ 아이가 형제자매인 경우 아이들의 기록을 잰 다음 비교해 승부를 가르면 된다. 만약 큰아이가 매번 이긴다면 큰아이에게 조금 더 어려운 자세를 시키는 등 조건을 더 까다롭게 한다.

※ 외둥이인 경우 최고 기록 세우기를 하면 된다.

젓가락으로 콩 옮기기

요즘에는 젓가락질을 잘하는 아이들이 드물다. 젓가락질은 아이들의 뇌 발달에 도움이 되므로 가능하면 익숙해질 때까지 연습시킬 필요가 있다. 이 놀이를 하면 젓가락질 연습을 할 수 있을 뿐만 아니라 1분이라는 시간 길이의 양감도 키울 수 있다.

🔍 놀이 인원: 1명 이상

🔍 준비물: 초시계, 젓가락 1벌, 콩 10알, 그릇 2개

🔍 놀이 방법

1. 부모는 그릇에 콩을 담고, 아이는 젓가락으로 콩을 옮길 준비를 한다.

2. "시작!"이라는 말과 동시에 아이는 젓가락으로 콩을 집어 다른 그릇에 옮겨놓는다.

3. 부모는 정확히 1분이 지난 후 "그만!"이라고 말한 다음 아이가 옮긴 콩의 개수를 센다. 이렇게 여러 번 하다 보면 아이는 1분이라는 시간의 길이에 점점 익숙해진다.

※ 아이가 형제자매인 경우 아이들의 기록을 비교하면 된다. 이때 큰아이는 작은 콩을, 작은아이는 큰 콩을 옮기게 하면 조금 더 공평한 놀이가 될 수 있다.

※ 외동이인 경우 최고 기록 세우기를 하면 된다.

어느 쪽이 더 무거울까?

집에서 간단한 양팔 저울을 만들 수 있다면 아이들은 양팔 저울을 가지고 노는 놀이를 매우 좋아한다. 30cm자와 종이컵 2개 정도를 이용하면 간단한 간이 양팔 저울을 만들 수 있다. 양팔 저울 놀이를 하다 보면 아이가 무게 감각을 키울 수 있을 뿐만 아니라 양팔 저울의 원리를 깨우칠 수 있어 좋다.

🔍 놀이 인원: 2명

🔍 준비물: 간이 양팔 저울, 초시계

1. 30cm자와 종이컵 2개를 이용하여 간이 양팔 저울을 만든다.

2. 한 사람이 양팔 저울 한 쪽에 적당한 물건을 놓는다.

3. 다른 한 사람은 시간을 재면서 양팔 저울 맞은편에 다른 물건을 놓으며 수평을 맞춘다. 번갈아 가며 하되 더 빨리 수평을 맞춘 사람이 이긴다. 예를 들어 한 사람이 한 쪽에 풀을 놓았다면 다른 사람은 맞은편 연필과 지우개를 놓아 수평을 맞추면 된다. 같은 물건으로 수평을 맞추는 것은 반칙이다.

수학의 벽이 희망의 벽으로 변할 때까지

수학만큼 호불호가 분명하게 갈리는 과목도 드물다. 수학을 좋아하는 아이들은 정말 좋아하지만 수학을 싫어하는 아이들은 수학을 벌레보다 더 끔찍하게 여기곤 한다. 학년이 올라갈수록 호불호는 더욱 분명해진다. 수학을 싫어하는 아이들은 중학생이 채 되지 않아서 수학을 회피하거나 포기해버린다.

어떤 아이는 수학을 좋아하게 되고, 어떤 아이는 수학을 싫어하게 되는 것일까? 많은 이유들을 찾을 수 있겠지만 수학의 첫 경험이 이유의 상당 부분을 차지한다. 초등 1학년 수학을 어떻게 접하고 배웠는지에 따라 아이의 수학 호불호가 갈릴 수 있다. 마치 어린 아이가 이유식을 어떻게 경험하느냐에 따라 이후 음식의 기호가 결정되듯 말이다. 수학 과목에서 부모의 가장 중요한 역할은 '수학이 재미있고 맛있는 과목'이라는 인식을 아이에게 심어주는 것이다. 이런 생각만 심어줄 수 있다면 아이는 수학을 하지 말라고 해도 스스로 하게 될 것이다. 이런 소망을 품는 부모들에게 이 책이 좋은 길라잡이가 되었으면 좋겠다.

어떤 아이들에게 수학은 절망의 벽처럼 느껴지곤 한다. 아무리 애를 쓰고 힘을 써도 오를 수 없는 절망의 벽 말이다. 그럼에도 불구하고 돌파구는 있다. 부모와 함께 손을 잡고 올라가면 된다. 한 뼘이라도 같이 손을 잡고 올라가다 보면 절망의 벽은 희망의 벽이 될 것이다. 절망의 벽과 같은 수학의 벽 앞에 서 있는 우리 아이의 손을 꼭 잡아주자. 그리고 담쟁이처럼 서두르지 말고 천천히 앞으로 나아가자.

이 책으로 인해 어쩔 수 없는 벽처럼 보였던 수학의 벽이 오를 만한 벽으로 보였으면 좋겠다. 절망의 벽처럼 보였던 수학의 벽이 희망의 벽으로 보였으면 좋겠다. 어둠 속에서 한 줄기 빛을 보게 하는 그런 책이 됐으면 좋겠다. 그랬으면 좋겠다.

마지막으로 항상 집필 때마다 놀라운 지혜를 부어주시는 아름다우신 하나님께 감사드리며 모든 영광을 돌린다.

참고문헌

강미선, 『수학은 밥이다』, 스콜라스

강백향, 『현명한 부모는 초등 1학년 시작부터 다르다』, 꿈틀

교육부, 『수학 1-1, 1-2』

교육부, 『수학 교사용 지도서 1-1, 1-2』

교육부, 『수학 익힘책 1-1, 1-2』

김용찬, 『올바른 수학 참다운 공부』, 영남대학교출판부(知YU智)

김은실, 『수학논술이 답이다』, 주니어김영사

김진아, 『초등학교 1학년 엄마 교과서』, 북퀘스트

다케우치 히로토, 『아빠가 가르쳐주는 수학』, 맑은소리(동반인)

마지 슈조, 『10시간에 끝내는 엄마표 초등수학』, 명진출판

민이럽 류진희, 『창의폭발 엄마표 창의왕 수학놀이』, 로그인

박미영, 『초등학교 1학년 학부모 교과서』, 노란우산

박왕근, 『수학이 안 되는 머리는 없다』, 양문

박점희, 『초등 과목별 만점 공부법』, 행복한나무

박정희, 『대치동 초등 영재들의 수학공부법』, 상상너머

배종수, 『뻬에로 교수 배종수의 생명을 살리는 수학』, 제이비매스(JB MATH)

석주식 외, 『초등수학 개념사전』, 아울북

송재환 외, 『수학 100점 엄마가 만든다』, 도토리창고

송재환 외, 『열두 살에 수학천재가 된 아이들』, 브리즈

송재환, 『수학 100점 엄마가 만든다 개념원리편』, 도토리창고

송재환, 『우리아이 수학약점』, 글담

신의진, 『아이의 인생은 초등학교에 달려 있다』, 걷는나무

어린이를 위한 수학교육연구회, 『엄마표 수학 홈스쿨』, 청어람미디어

이미경, 『우리집은 수학 창의력 놀이터』, 이지스퍼블리싱

이신애, 『잠수네 아이들의 소문난 수학공부법』, 랜덤하우스코리아

이충국, 『똑똑한 수학 공부법』, 웅진씽크하우스

임미성, 『수학의 신 엄마가 만든다』, 동아일보사

장수하늘소, 『초등학생이 가장 궁금해하는 알쏭달쏭 수학 이야기 30』, 하늘을나는
교실

조안호, 『수학사용설명서』, 행복한나무

찰스 두히그, 『습관의 힘』, 갤리온

최수일, 『착한 수학』, 비아북

한헌조 외, 『하루 30분 놀이로 내 아이 수학 영재 만들기』, 예가람

한헌조, 『우리 아이 수학을 부탁해』, 예담friend

현종익, 『교사를 위한 초등수학교육론』, 교우사(오판근)

초등 1학년, 수학을 잡아야 공부가 잡힌다

초판 1쇄 발행 2014년 9월 15일
개정판 1쇄 발행 2019년 11월 27일 **개정판 3쇄 발행** 2021년 4월 30일

지은이 송재환
펴낸이 이승현

편집1 본부장 배민수
에세이1 팀장 한수미
책임편집 김소현
디자인 조은덕

펴낸곳 ㈜위즈덤하우스 **출판등록** 2000년 5월 23일 제13-1071호
주소 경기도 고양시 일산동구 정발산로 43-20 센트럴프라자 6층
전화 031)936-4000 **팩스** 031)903-3893 **홈페이지** www.wisdomhouse.co.kr

ⓒ 송재환, 2019

ISBN 979-11-90427-19-7 13590